高等学校算法类课程系列教材

数据结构教程

(Java语言描述) 第2版 学习与上机实验指导

李春葆 李筱驰 主编

清华大学出版社
北京

内 容 简 介

本书是《数据结构教程(Java语言描述)》(第2版·微课视频版)(李春葆、李筱驰主编,清华大学出版社出版,2025年,以下简称《教程》)的配套学习和上机实验指导书,书中详细给出了《教程》中所有练习题和上机实验题的解题思路和参考答案,以及在线编程题的AC代码。本书中的练习题和实验题不仅涵盖"数据结构"课程的基本知识点,还体现了各知识点的运用和扩展,学习、理解和借鉴这些参考答案是掌握和提高数据结构知识的最佳途径。本书自成一体,可以脱离主教材单独使用。

本书可作为高等院校计算机及相关专业学生的辅导教材。

版权所有,侵权必究。举报:010-62782989,beiqinquan@tup.tsinghua.edu.cn。

图书在版编目(CIP)数据

数据结构教程(Java语言描述)(第2版)学习与上机实验指导/李春葆,李筱驰主编. -- 北京:清华大学出版社,2025.3. -- (高等学校算法类课程系列教材). -- ISBN 978-7-302-68505-0

Ⅰ. TP311.12;TP312.8

中国国家版本馆CIP数据核字第2025LA8530号

策划编辑:	魏江江
责任编辑:	王冰飞
封面设计:	刘　键
责任校对:	李建庄
责任印制:	刘海龙

出版发行:清华大学出版社
　　　网　　址:https://www.tup.com.cn,https://www.wqxuetang.com
　　　地　　址:北京清华大学学研大厦A座　　　邮　编:100084
　　　社 总 机:010-83470000　　　　　　　　　邮　购:010-62786544
　　　投稿与读者服务:010-62776969,c-service@tup.tsinghua.edu.cn
　　　质量反馈:010-62772015,zhiliang@tup.tsinghua.edu.cn
　　　课件下载:https://www.tup.com.cn,010-83470236
印 装 者:三河市天利华印刷装订有限公司
经　　销:全国新华书店
开　　本:185mm×260mm　　　印　张:12.25　　　字　数:298千字
版　　次:2025年5月第1版　　　　　　　　　　　印　次:2025年5月第1次印刷
印　　数:1～1500
定　　价:39.80元

产品编号:106541-01

前言 Preface

党的二十大报告指出：教育、科技、人才是全面建设社会主义现代化国家的基础性、战略性支撑。必须坚持科技是第一生产力、人才是第一资源、创新是第一动力，深入实施科教兴国战略、人才强国战略、创新驱动发展战略，开辟发展新领域新赛道，不断塑造发展新动能新优势。高等教育与经济社会发展紧密相连，对促进就业创业、助力经济社会发展、增进人民福祉具有重要意义。

本书是《数据结构教程（Java 语言描述）》（第 2 版·微课视频版）（李春葆、李筱驰主编，清华大学出版社出版，以下简称《教程》）的配套学习和上机实验指导书，全书分为 3 章和一个附录。

第 1 章按《教程》中的章顺序给出所有练习题的解题思路和参考答案，包含 88 道问答题、91 道算法分析和设计题，另外补充了 237 道单项选择题。

为了强化数据结构实验，《教程》中的实验题分为上机实验题部分和在线编程题部分，前者给学生提供集中上机实验，后者使用了在线编程环境实验，这里使用国内著名的公共 ACM 训练平台 POJ（北京大学，网址是 http://poj.org/）和 HDU（杭州电子科技大学，网址是 http://acm.hdu.edu.cn/），选取的 ACM 实验题目与课程内容紧密结合，难度适中。第 2 章按《教程》中的章顺序给出所有实验题中上机实验题部分的解题思路和参考答案，共包含 38 道上机实验题，其中部分来自 IT 企业的面试题。第 3 章按《教程》中的章顺序给出所有实验题中在线编程题部分的解题思路和参考答案，共包含 50 道在线编程题，其中 POJ 平台 28 道、HDU 平台 22 道。附录中给出了实验报告格式及其示例。

本书所有算法题和上机实验题均上机调试通过，所有在线编程题均在 POJ/HDU 平台中提交通过，采用的 Java 环境是 Java 1.8。本书中同时列出了全部练习题和上机实验题，因此自成一体，可以脱离《教程》单独使用。本书提供所有程序源码，扫描封底的文泉云盘防盗码，再扫描目录上方的二维码可以下载。

  感谢 POJ 和 HDU 网站无私的支持！由于作者水平所限，尽管不遗余力，书中仍可能存在不足之处，敬请教师和同学们批评指正。

作　者

2025 年 1 月

目录 Contents

扫一扫

程序源码

第1章 练习题参考答案 /1

1.1 第1章 绪论 /1
1.2 第2章 线性表 /1
1.3 第3章 栈和队列 /1
1.4 第4章 串 /2
1.5 第5章 递归 /2
1.6 第6章 数组和稀疏矩阵 /2
1.7 第7章 树和二叉树 /2
1.8 第8章 图 /3
1.9 第9章 查找 /3
1.10 第10章 排序 /3

第2章 上机实验题参考答案 /4

2.1 第1章 绪论 /4
2.2 第2章 线性表 /6
2.3 第3章 栈和队列 /15
2.4 第4章 串 /22
2.5 第5章 递归 /28
2.6 第6章 数组和稀疏矩阵 /32
2.7 第7章 树和二叉树 /38
2.8 第8章 图 /51
2.9 第9章 查找 /62
2.10 第10章 排序 /69

第 3 章　在线编程题参考答案　/78

- 3.1　第 1 章　绪论　/78
- 3.2　第 2 章　线性表　/80
- 3.3　第 3 章　栈和队列　/85
- 3.4　第 4 章　串　/102
- 3.5　第 5 章　递归　/108
- 3.6　第 6 章　数组和稀疏矩阵　/122
- 3.7　第 7 章　树和二叉树　/127
- 3.8　第 8 章　图　/137
- 3.9　第 9 章　查找　/155
- 3.10　第 10 章　排序　/169

附录 A　实验报告格式及其示例　/181

- A.1　实验报告格式　/181
- A.2　实验报告示例——表达式树综合题　/182

第1章 练习题参考答案

1.1 第1章 绪论

扫一扫

习题+答案

1.2 第2章 线性表

扫一扫

习题+答案

1.3 第3章 栈和队列

扫一扫

习题+答案

1.4　第4章　串

扫一扫

习题＋答案

1.5　第5章　递归

扫一扫

习题＋答案

1.6　第6章　数组和稀疏矩阵

扫一扫

习题＋答案

1.7　第7章　树和二叉树

扫一扫

习题＋答案

1.8　第 8 章　图

扫一扫

习题＋答案

1.9　第 9 章　查找

扫一扫

习题＋答案

1.10　第 10 章　排序

扫一扫

习题＋答案

第2章 上机实验题参考答案

2.1 第1章 绪论

1. 从 https://docs.oracle.com/ 网站下载并安装 Java 1.8 或更高收本,访问该网站中的 javase/8/docs/ 阅读相关技术文档。

解：略。

2. 编写一个 Java 程序,求一元二次方程 $ax^2+bx+c=0$ 的根,并用相关数据测试。

解：设计 solve() 方法求方程的根,用 Solution 类对象 s 返回结果,用 disp() 方法输出结果。对应的程序如下：

```java
class Solution {                                    //存放解
    int cnt;                                        //根的个数
    double x1;                                      //根1
    double x2;                                      //根2
}
public class Exp2 {
    static Solution solve(double a, double b, double c) {   //求方程的根
        Solution s = new Solution();
        double d = b * b - 4 * a * c;
        if(d < 0)
            s.cnt = 0;
        else if(Math.abs(d) <= 0.0001) {            //等于0
            s.cnt = 1;
            s.x1 = (-b + Math.sqrt(d)) / (2 * a);
        }
        else {
            s.cnt = 2;
            s.x1 = (-b + Math.sqrt(d)) / (2 * a);
            s.x2 = (-b - Math.sqrt(d)) / (2 * a);
        }
        return s;
    }
    static void disp(Solution s) {                  //输出结果
        if(s.cnt == 0)
```

```
            System.out.println("无根");
        else if(s.cnt==1)
            System.out.printf("一个根为%.1f\n",s.x1);
        else
            System.out.printf("两个根为%.1f和%.1f\n",s.x1,s.x2);
    }
    public static void main(String[] args) {
        Solution s;
        double a=2,b=-3,c=4;
        System.out.printf("\n 测试1\n");
        System.out.printf("     a=%.1f, b=%.1f, c=%.1f ",a,b,c);
        s=solve(a,b,c);
        disp(s);
        a=1; b=-2; c=1;
        System.out.printf("\n 测试2\n");
        System.out.printf("     a=%.1f, b=%.1f, c=%.1f ",a,b,c);
        s=solve(a,b,c);
        disp(s);
        a=2; b=-1; c=-1;
        System.out.printf("\n 测试3\n");
        System.out.printf("     a=%.1f, b=%.1f, c=%.1f ",a,b,c);
        s=solve(a,b,c);
        disp(s);
    }
}
```

上述程序的执行结果如图2.1所示。

3. 求 $1+(1+2)+(1+2+3)+\cdots+(1+2+3+\cdots+n)$ 有3种解法,解法1是采用两重迭代,依次求出 $(1+2+\cdots+i)$ 后累加;解法2是采用一重迭代求和,利用 $i(i+1)/2$ 求和后再累加;解法3是直接利用 $n(n+1)(n+2)/6$ 求和。

编写一个 Java 程序,利用上述解法求 $n=1000$ 的结果,并且给出各种解法的运行时间。

解：3种解法的方法分别是 solve1、solve2 和 solve3,对应的实验程序如下:

```
public class Exp3 {
    static long solve1(int n) {                    //解法1
        long sum=0;
        for(int i=1;i<=n;i++) {
            for(int j=1;j<=i;j++) sum+=j;
        }
        return sum;
    }
    static long solve2(int n) {                    //解法2
        long sum=0,sum1=0;
        for(int i=1;i<=n;i++) {
            sum1+=i;
            sum+=sum1;
        }
        return sum;
    }
    static long solve3(int n) {                    //解法3
        long sum=n*(n+1)*(n+2)/6;
```

```
        return sum;
    }
    public static void main(String[] args) {
        int n=1000;
        System.out.printf("\n n=%d\n",n);
        long startTime=System.nanoTime();              //获取开始时间
        System.out.println(" 解法1 sum1="+solve1(n));
        long endTime=System.nanoTime();                //获取结束时间
        System.out.println(" 运行时间: "+(endTime-startTime)+"ns");
        startTime=System.nanoTime();                   //获取开始时间
        System.out.println(" 解法2 sum2="+solve2(n));
        endTime=System.nanoTime();                     //获取结束时间
        System.out.println(" 运行时间: "+(endTime-startTime)+"ns");
        startTime=System.nanoTime();                   //获取开始时间
        System.out.println(" 解法3 sum3="+solve3(n));
        endTime=System.nanoTime();                     //获取结束时间
        System.out.println(" 运行时间: "+(endTime-startTime)+"ns");
    }
}
```

上述程序的一次执行结果如图2.2所示。解法2和解法3差别不大的原因是因为执行输出语句的时间总是相同的。

图2.1 第1章实验题2的执行结果

图2.2 第1章实验题3的一次执行结果

2.2 第2章 线性表

1. 编写一个简单学生成绩管理程序,每个学生记录包含学号、姓名、课程和分数成员,采用顺序表存储,完成以下功能。

(1) 屏幕显示所有学生记录。
(2) 输入一个学生记录。
(3) 按学号和课程删除一个学生记录。
(4) 按学号排序并输出所有学生记录。
(5) 按课程排序,一门课程学生按分数递减排序。

解:首先设计学生记录类Stud,包含学生学号、姓名、课程和分数成员,以及构造方法、输出一个学生记录的方法和用于排序的get方法。

```
class Stud {                            //学生记录类
    int no;                             //学号
    String name;                        //姓名
    String course;                      //课程
```

```java
    int fraction;                                           //分数
    public Stud(int no1,String name1,String course1,int fraction1) {    //构造方法
        no=no1;
        name=name1;
        course=course1;
        fraction=fraction1;
    }
    public int getno() {
        return no;
    }
    public String getcourse() {
        return course;
    }
    public int getfraction() {
        return fraction;
    }
    public void disp() {
        System.out.println("  学号:"+no+"  姓名:"+name+"  课程:"+course+"  分数:"+fraction);
    }
}
```

然后设计包括相关基本运算算法的 StudList 类,其中采用 ArrayList 类对象 sl 作为学生顺序表,存放输入的所有学生记录。学生记录的插入、删除和排序等直接利用 ArrayList 类的方法实现。

```java
class StudList {
    ArrayList<Stud> sl;                                     //顺序表
    public StudList() {                                     //构造方法
        sl=new ArrayList<Stud>();
    }
    public void Addstud() {                                 //输入一个学生记录
        Scanner in=new Scanner(System.in);                  //使用 Scanner 类定义对象
        System.out.println("  输入一个学生记录");
        System.out.print("  学号: ");
        int no1=in.nextInt();
        System.out.print("  姓名: ");
        String name1=in.next();
        System.out.print("  课程: ");
        String course1=in.next();
        System.out.print("  分数: ");
        int fraction1=in.nextInt();
        sl.add(new Stud(no1,name1,course1,fraction1));
    }
    public void Dispstud() {                                //输出所有学生记录
        if(sl.size()>0) {
            System.out.println("  **所有学生记录");
            for(int i=0;i<sl.size();i++)
                sl.get(i).disp();
        }
        else System.out.println("  **没有任何学生记录");
    }
    public void Delstud() {                                 //删除指定学号指定课程的学生记录
```

```java
            Scanner in=new Scanner(System.in);         //使用Scanner类定义对象
            System.out.print("   删除的学号: ");
            int no1=in.nextInt();
            System.out.print("   课程: ");
            String course1=in.next();
            int i=0;
            boolean find=false;
            while(i<sl.size()) {
                Stud s=sl.get(i);
                if(s.no==no1 && s.course.equals(course1)) {
                    find=true;
                    break;
                }
                i++;
            }
            if(find) {
                sl.remove(i);
                System.out.println("  **成功删除该学号学生的成绩记录");
            }
            else System.out.println("  **没有找到该学生的成绩记录");
        }
        public void Sort1() {                           //按学号递增排序
            sl.sort(Comparator.comparing(Stud::getno));
            Dispstud();
        }
        public void Sort2() {                           //按课程、分数递减排序
            sl.sort(Comparator.comparing(Stud::getcourse).
                thenComparing(Stud::getfraction).reversed());
            Dispstud();
        }
    }
```

最后设计包含主方法的Exp1类如下:

```java
    public class Exp1 {
        public static void main(String[] args) throws IOException, NotSerializableException {
            int sel;
            StudList L=new StudList();
            Scanner in=new Scanner(System.in);          //使用Scanner类定义对象
            while(true) {
                System.out.print("1.显示全部记录 2.输入 3.删除 4.学号排序 5.课程排序 0:退出");
                System.out.print("   请选择: ");
                sel=in.nextInt();
                switch(sel) {
                    case 0:break;
                    case 1:L.Dispstud();break;
                    case 2:L.Addstud();break;
                    case 3:L.Delstud();break;
                    case 4:L.Sort1();break;
                    case 5:L.Sort2();break;
                }
                if(sel==0) break;
            }
        }
    }
```

上述程序的执行结果如图 2.3 所示。

图 2.3　第 2 章实验题 1 的执行结果

2. 在《教程》中 2.5 节求解两个多项式相加运算的基础上编写一个实验程序，采用单链表存放多项式，实现两个多项式相乘运算，通过相关数据进行测试。

解：以两个多项式 $p(x)=2x^3+3x^2+5$ 和 $q(x)=2x+1$ 相乘为例说明，用多项式对象 $L1$ 存放 $p(x)$，多项式对象 $L2$ 存放 $q(x)$，多项式对象 $L3$ 存放相乘的结果，先置 $L3$ 为空。其过程如下：

(1) 由 $L1$ 的第 1 个多项式项 $2x^3$ 与 $L2$ 相乘得到多项式对象 $tmpL$，$tmpL=4x^4+2x^3$。将 $L3$ 与 $tmpL$ 相加，得到 $L3=4x^4+2x^3$。注意，由于每个多项式中没有相同指数的项，所以生成的 $tmpL$ 中也一定没有相同指数的项。

(2) 由 $L1$ 的第 2 个多项式项 $3x^2$ 与 $L2$ 相乘得到多项式对象 $tmpL$，$tmpL=6x^3+3x^2$。将 $L3$ 与 $tmpL$ 相加，得到 $L3=4x^4+8x^3+3x^2$。

(3) 由 $L1$ 的第 3 个多项式项 5 与 $L2$ 相乘得到多项式对象 $tmpL$，$tmpL=10x+5$。将 $L3$ 与 $tmpL$ 相加，得到 $L3=4x^4+8x^3+3x^2+10x+5$。

这样，得到的 $L3$ 就是最终结果。设计以下两个方法分别用于求 $L1$ 中一个多项式项 p 与 L 相乘的多项式和求两个多项式 $L1$、$L2$ 相乘运算的结果：

```
public static PolyClass aMulti(PolyNode p,PolyClass L):求 p 与 L 相乘的多项式
public static PolyClass Multi(PolyClass L1,PolyClass L2):两个多项式相乘的运算
```

完整的实验程序如下：

```
import java.util.*;
import java.io.FileInputStream;
import java.io.FileNotFoundException;
import java.io.PrintStream;
class PolyNode{                              //单链表结点类型
    public double coef;                      //系数
```

```java
    public int exp;                                    //指数
    public PolyNode next;                              //指针成员
    PolyNode() {                                       //构造方法
        next=null;
    }
    PolyNode(double c,int e) {                         //重载构造方法
        coef=c;
        exp=e;
        next=null;
    }
}
class PolyClass {                                      //多项式单链表类
    PolyNode head;                                     //存放多项式单链表头结点
    public PolyClass() {                               //构造方法
        head=new PolyNode();                           //建立头结点 head
    }
    public void CreatePoly(double[] a,int[] b,int n) { //采用尾插法建立多项式单链表
        PolyNode s,t;
        t=head;                                        //t 始终指向尾结点,开始时指向头结点
        for(int i=0;i<n;i++) {
            s=new PolyNode(a[i],b[i]);                 //创建新结点 s
            t.next=s;                                  //在 t 结点之后插入 s 结点
            t=s;
        }
        t.next=null;                                   //尾结点的 next 域置为 null
    }
    public void Sort() {                               //对多项式单链表按 exp 域递减排序
        PolyNode p,pre,q;
        q=head.next;                                   //q 指向开始结点
        if(q==null) return;                            //原单链表空时返回
        p=head.next.next;                              //p 指向 q 结点的后继结点
        if(p==null) return;                            //原单链表只有一个数据结点时返回
        q.next=null;                                   //构造只含一个数据结点的有序单链表
        while(p!=null) {
            q=p.next;                                  //q 用于临时保存 p 结点的后继结点
            pre=head;                                  //pre 指向插入结点 p 的前驱结点
            while(pre.next!=null && pre.next.exp>p.exp)
                pre=pre.next;                          //在有序表中找插入结点 p 的前驱结点 pre
            p.next=pre.next;                           //在 pre 结点之后插入 p 结点
            pre.next=p;
            p=q;                                       //扫描原单链表余下的结点
        }
    }
    public void DispPoly() {                           //输出多项式单链表
        boolean first=true;                            //first 为 true 表示是第一项
        PolyNode p=head.next;
        while(p!=null) {
            if(first) first=false;
            else if(p.coef>0) System.out.print("+");
            if(p.exp==0)                               //指数为 0 时不输出"x"
                System.out.print(p.coef);
            else if(p.exp==1)                          //指数为 1 时不输出指数
                System.out.print(p.coef+"x");
```

```java
        else
            System.out.print(p.coef+"x^"+p.exp);
        p=p.next;
    }
    System.out.println();
  }
}
public class Exp2{
    public static PolyClass Add(PolyClass L1,PolyClass L2) {      //两个多项式相加的运算
        PolyNode p,q,s,t;                                          //t 始终指向 L3 的尾结点
        double c;
        PolyClass L3=new PolyClass();
        t=L3.head;
        p=L1.head.next;
        q=L2.head.next;
        while(p!=null && q!=null) {
            if(p.exp>q.exp) {                                      //L1 的结点的指数较大
                s=new PolyNode(p.coef,p.exp);
                t.next=s; t=s;
                p=p.next;
            }
            else if(p.exp<q.exp) {                                 //L2 的结点的指数较大
                s=new PolyNode(q.coef,q.exp);
                t.next=s; t=s;
                q=q.next;
            }
            else {                                                 //两个结点的指数相等
                c=p.coef+q.coef;                                   //求两指数相等结点的系数和 c
                if(c!=0) {                                         //系数和 c 不为 0 时
                    s=new PolyNode(c,p.exp);                       //新建结点 s
                    t.next=s; t=s;                                 //将结点 s 链接到 L3 末尾
                }
                p=p.next; q=q.next;
            }
        }
        t.next=null;                                               //尾结点的 next 域置为 null
        if(p!=null) t.next=p;
        if(q!=null) t.next=q;
        return L3;
    }
    public static PolyClass aMulti(PolyNode p,PolyClass L) {       //求 p 与 L 相乘的多项式
        PolyClass L1=new PolyClass();
        PolyNode q=L.head.next,s,t;
        t=L1.head;                                                 //t 始终指向 L1 的尾结点
        double c;
        int e;
        while(q!=null) {
            c=p.coef*q.coef;                                       //两项系数相乘
            e=p.exp+q.exp;                                         //两项指数相加
            s=new PolyNode(c,e);                                   //建立新结点 s
            t.next=s; t=s;                                         //s 结点链接到 L1 末尾
            q=q.next;
        }
```

```java
        t.next=null;                                        //尾结点的next域置为null
        return L1;                                          //返回L1
    }
    public static PolyClass Multi(PolyClass L1,PolyClass L2) {   //两个多项式相乘的运算
        PolyNode p,q,s,t;
        double c;
        PolyClass L3=new PolyClass(),tmpL;
        t=L3.head;                                          //t始终指向L3的尾结点
        p=L1.head.next;
        while(p!=null) {                                    //遍历L1的每个多项式项
            tmpL=aMulti(p,L2);                              //p结点多项式项与L2相乘得到tmpL
            L3=Add(L3,tmpL);                                //L3与tmpL相加得到L3
            p=p.next;
        }
        return L3;                                          //返回L3
    }
    public static void main(String[] args) throws FileNotFoundException {
        System.setIn(new FileInputStream("abc.in"));        //将标准输入流重定向至abc.in
        Scanner fin = new Scanner(System.in);
        System.setOut(new PrintStream("abc.out"));          //将标准输出流重定向至abc.out
        PolyClass L1=new PolyClass();
        PolyClass L2=new PolyClass();
        PolyClass L3;
        double[] a=new double[100];
        int[] b=new int[100];
        int n;
        n=fin.nextInt();                                    //输入第1个多项式的n
        for(int i=0;i<n;i++)                                //输入第1个多项式系数数组a
            a[i]=fin.nextDouble();
        for(int i=0;i<n;i++)                                //输入第1个多项式指数数组b
            b[i]=fin.nextInt();
        L1.CreatePoly(a,b,n);                               //创建第1个多项式单链表
        System.out.print("第1个多项式: "); L1.DispPoly();
        L1.Sort();                                          //第1个多项式按指数递减排序
        System.out.print("排序后结果: "); L1.DispPoly();
        n=fin.nextInt();                                    //输入第2个多项式的n
        for(int i=0;i<n;i++)                                //输入第2个多项式系数数组a
            a[i]=fin.nextDouble();
        for(int i=0;i<n;i++)                                //输入第2个多项式指数数组b
            b[i]=fin.nextInt();
        L2.CreatePoly(a,b,n);                               //创建第2个多项式单链表
        System.out.print("第2个多项式: "); L2.DispPoly();
        L2.Sort();                                          //第2个多项式按指数递减排序
        System.out.print("排序后结果: "); L2.DispPoly();
        L3=Multi(L1,L2);                                    //两个多项式相乘
        System.out.print("相乘后多项式: "); L3.DispPoly();
    }
}
```

实验输入文件abc.in如下：

3
2 3 5

```
3 2 0
2
2 1
1 0
```

程序执行后产生的输出文件 abc.out 如下：

```
第1个多项式：2.0x^3+3.0x^2+5.0
排序后结果：2.0x^3+3.0x^2+5.0
第2个多项式：2.0x+1.0
排序后结果：2.0x+1.0
相乘后多项式：4.0x^4+8.0x^3+3.0x^2+10.0x+5.0
```

3. 重新排列一个单链表的结点顺序。给定一个单链表 L 为 $L_0 \to L_1 \to \cdots L_{n-1} \to L_n$，将 L 排列成 $L_0 \to L_n \to L_1 \to L_{n-1} \to L_2 \to L_{n-2} \to \cdots$，不能够修改结点值。例如，给定 L 为 (1,2,3,4)，重新排列后为 (1,4,2,3)。

定义单链表的结点类型如下：

```
class ListNode {
    int val;
    ListNode next;
    ListNode(int x) {
        val = x;
        next = null;
    }
}
```

实现的方法如下：

```
public class Solution{
    public void reorderList(ListNode head) {
        ...
    }
}
```

解：这里改为本地编程，关键是 reorderList(head) 方法的设计，其中的单链表是不带头结点的，与 head 标识整个单链表。reorderList(head) 的过程如下。

（1）断开：通过快慢指针 slow 和 fast 找到中间结点，从中间结点断开，即置 head1 = solw.next 构成后半部分的不带头结点的单链表 head1，置 slow.next = null 构成前半部分的不带头结点的单链表 head。

（2）逆置：采用头插法将 head1 逆置。这里注意逆置不带头结点的单链表与逆置带头结点的单链表稍有不同。

（3）合并：采用尾插法，head 为首结点，p = head.next，q = head1，t 指向 head 结点，在 p 或和 q 不空时循环。先将 q 结点链接到 t 结点的后面，再将 p 结点链接到 t 结点的后面，最后置 t.next 为空。

对应的完整程序（本机运行）如下：

```java
class ListNode {                                    //单链表结点类
    int val;
    ListNode next;
    ListNode(int x) {
        val=x;
        next=null;
    }
}
class LinkList {                                    //单链表类
    ListNode head;
    public LinkList() {                             //构造方法
        head=null;
    }
    public void CreateList(int[] a) {               //尾插法:由数组a整体建立不带头结点的单链表
        ListNode s,t;
        head=new ListNode(a[0]);
        t=head;                                     //t始终指向尾结点,开始时指向头结点
        for(int i=1;i<a.length;i++) {               //循环建立数据结点
            s=new ListNode(a[i]);                   //新建存放a[i]元素的结点s
            t.next=s;                               //将s结点插入t结点之后
            t=s;
        }
        t.next=null;                                //将尾结点的next域置为null
    }
    public String toString() {                      //将线性表转换为字符串
        String ans="";
        ListNode p=head;
        while(p!=null) {
            ans+=p.val+" ";
            p=p.next;
        }
        return ans;
    }
}
class Solution {                                    //求解类
    public void reorderList(ListNode head) {
        if(head==null || head.next==null || head.next.next==null)
            return;
        //(1)断开
        ListNode slow=head,fast=head;
        while(fast.next!=null && fast.next.next!=null) {
            slow=slow.next;                         //找到中间结点slow
            fast=fast.next.next;
        }
        ListNode head1=slow.next;                   //head1为后半部分单链表的首结点
        slow.next=null;                             //断开
        //将head1单链表逆置
        ListNode p=head1,q;
        head1=null;
        while(p!=null) {
            q=p.next;
            p.next=head1;
            head1=p;
```

```
            p=q;
        }
//合并操作
p=head.next;                    //head 含 L0,p 遍历 head 的其他结点
q=head1;                        //q 遍历 head1
ListNode t=head;
while(p!=null || q!=null) {
    if(q!=null) {
        t.next=q;
        t=q;
        q=q.next;
    }
    if(p!=null) {
        t.next=p;
        t=p;
        p=p.next;
    }
}
t.next=null;
    }
}
public class Exp3 {
    public static void main(String args[]) {
        System.out.println("测试 1");
        int[] a={1,2,3,4,5};
        LinkList L=new LinkList();
        L.CreateList(a);
        System.out.println("L: "+L.toString());     //输出:1 2 3 4 5
        Solution obj=new Solution();
        obj.reorderList(L.head);
        System.out.println("重新排列结点");
        System.out.println("L: "+L.toString());     //输出:1 5 2 4 3
        System.out.println("测试 2");
        int[] b={1,2,3,4,5,6};
        L.CreateList(b);
        System.out.println("L: "+L.toString());     //输出:1 2 3 4 5 6
        obj.reorderList(L.head);
        System.out.println("重新排列结点");
        System.out.println("L: "+L.toString());     //输出:1 6 2 5 3 4
    }
}
```

2.3 第 3 章 栈和队列

1. 编写一个程序,求 n 个不同元素通过一个栈的出栈序列的个数,输出 n 为 1~7 的结果。

解:设 n 个不同的元素通过一个栈的出栈序列的个数为 $f(n)$。不妨设 n 个不同元素为 a、b、c、……,对于 $n \leqslant 3$ 很容易得出:

$f(1)=1$，即出栈序列为 a，共一种。

$f(2)=2$，即出栈序列为 ab、ba，共两种。

$f(3)=5$，即出栈序列为 abc、acb、bac、cba、bca，共 5 种。

再考虑 $f(4)$，4 个元素为 a、b、c、d。在出栈序列中元素 a 可能出现在 1 号位置、2 号位置、3 号位置和 4 号位置：

(1) 若元素 a 在 1 号位置，那么只可能 a 进栈马上出栈，此时还剩元素 b、c、d 等待操作，即 $f(3)$。

(2) 若元素 a 在 2 号位置，那么一定有一个元素比 a 先出栈，即有 $f(1)$ 种可能顺序（只能是 b），还剩 c、d，即 $f(2)$。根据乘法原理，出栈序列个数为 $f(1)\times f(2)$。

(3) 若元素 a 在 3 号位置，那么一定有两个元素比 a 先出栈，即有 $f(2)$ 种可能顺序（只能是 b、c），还剩 d，即为 $f(1)$。根据乘法原理，出栈序列个数为 $f(2)\times f(1)$。

(4) 若元素 a 在 4 号位置，那么一定是 a 先进栈，最后出栈，那么元素 b、c、d 的出栈顺序即是此小问题的解，即 $f(3)$。

结合所有情况，即 $f(4)=f(3)+f(2)\times f(1)+f(1)\times f(2)+f(3)$。

为了规整化，定义 $f(0)=1$，于是 $f(4)$ 可以重新写为

$$f(4)=f(0)\times f(3)+f(1)\times f(2)+f(2)\times f(1)+f(3)\times f(0)$$

按照该思路可以推广到 n，可以得到 $f(n)=f(0)\times f(n-1)+f(1)\times f(n-2)+\cdots+f(n-1)\times f(0)$，即

$$f(n)=\sum_{i=0}^{n-1}f(i)\times f(n-i-1)$$

设置一个数组 f，$f[i]$ 元素表示 $f(i)$，则

$$f[0]=1$$
$$f[1]=1$$
$$f(i)=\sum_{j=0}^{i-1}f(j)\times f(i-j-1)\quad i>1$$

$f[n]$ 就是 $f(n)$ 的结果。

实际上，可以通过数学计算出 $f(n)=\dfrac{1}{n+1}\times C_{2n}^{n}$。利用上述两种方式得到如下程序：

```java
public class Exp1 {
    public static int comp1(int n) {                    //方式1
        int[] f=new int[100];
        f[0]=f[1]=1;
        for(int i=2;i<=n;i++) {
            for(int j=0;j<=i-1;j++)
                f[i]+=f[j]*f[i-j-1];
        }
        return f[n];
    }
    public static int factor(int n) {                   //求 n!
        int ans=1;
        for(int i=2;i<=n;i++)
            ans*=i;
```

```
            return ans;
    }
    public static int comp2(int n) {                    //方式2
        int ans=1;
        for(int i=2*n;i>=(n+2);i--)
            ans*=i;
        ans/=factor(n);
        return ans;
    }
    public static void main(String[] args) {
        System.out.println();
        for(int i=1;i<=7;i++) {
            System.out.println("算法1 n="+i+" :" + comp1(i));
            System.out.println("算法2 n="+i+" :" + comp2(i));
        }
    }
}
```

上述程序的执行结果如图2.4所示。

图2.4 第3章实验题1的执行结果

2. 用一个一维数组S(设固定容量MaxSize为5,元素类型为int)作为两个栈的共享空间。编写一个程序,采用《教程》中例3.7的共享栈方法设计其判栈空运算empty(i)、判栈满运算full()、进栈运算push(i,x)和出栈运算pop(i),其中i为1或2,用于表示栈号,x为进栈元素。采用相关数据进行测试。

解：直接利用《教程》中例3.7的原理设计程序如下：

```
class BSTACK {                                          //共享栈类
    final int MaxSize=5;
    int[] S;                                            //存放共享栈元素
    int top1,top2;                                      //两个栈顶指针
    public BSTACK() {                                   //构造方法,栈初始化
        S=new int[MaxSize];
        top1=-1;
        top2=MaxSize;
    }
    //------判栈空算法------
    public boolean empty(int i) {                       //i=1:栈1,i=2:栈2
        if(i==1)
            return(top1==-1);
        else if(i==2)                                   //i=2
            return(top2==MaxSize);
```

```java
        else
            throw new IllegalArgumentException("i错误");
    }
    //－－－－－判栈满算法－－－－－－
    public boolean full() {                              //判断栈满
        return top1==top2-1;
    }
    //－－－－－进栈算法－－－－－－
    public void push(int i,int x) {                      //i＝1:栈 1,i＝2:栈 2
        if(full())                                       //栈满
            throw new IllegalArgumentException("栈满");
        if(i==1) {                                       //x 进栈 S1
            top1++;
            S[top1]=x;
        }
        else if(i==2) {                                  //x 进栈 S2
            top2--;
            S[top2]=x;
        }
        else throw new IllegalArgumentException("i错误");
    }
    //－－－－－出栈算法－－－－－－
    public int pop(int i) {                              //i＝1:栈 1,i＝2:栈 2
        int x;
        if(i==1) {                                       //S1 出栈
            if(empty(1))                                 //S1 栈空
                throw new IllegalArgumentException("栈 1 空");
            else {                                       //出栈 S1 的元素
                x=S[top1];
                top1--;
            }
        }
        else if(i==2) {                                  //S2 出栈
            if(empty(2))                                 //S2 栈空
                throw new IllegalArgumentException("栈 2 空");
            else {                                       //出栈 S2 的元素
                x=S[top2];
                top2++;
            }
        }
        else throw new IllegalArgumentException("i错误");
        return x;                                        //操作成功返回 x
    }
}
public class Exp2 {
    public static void main(String[] args) {
        BSTACK st=new BSTACK();
        System.out.println("");
        System.out.println("  (1)新建立栈 st");
        System.out.println("    栈 1 空? "+st.empty(1));
        System.out.println("    栈 2 空? "+st.empty(2));
        int[] a={1,2,3};
        int[] b={4,5,6,7};
        System.out.println("  (2)栈 1 的进栈操作");
```

```
    for(int i=0;i<a.length;i++) {
        if(!st.full()) {
            System.out.println("     "+a[i]+"进栈1");
            st.push(1,a[i]);
        }
        else System.out.println("     "+a[i]+"进栈:栈满不能进栈");
    }
    System.out.println("    栈1空? "+st.empty(1));
    System.out.println("   (3)栈2的进栈操作");
    for(int i=0;i<b.length;i++) {
        if(!st.full()) {
            System.out.println("     "+b[i]+"进栈2");
            st.push(2,b[i]);
        }
        else System.out.println("     "+b[i]+"进栈:栈满不能进栈");
    }
    System.out.println("    栈2空? "+st.empty(2));
    System.out.println("   (4)栈1的出栈操作");
    while(!st.empty(1))
        System.out.println("     出栈1元素"+st.pop(1));
    System.out.println("   (5)栈2的出栈操作");
    while(!st.empty(2))
        System.out.println("     出栈2元素"+st.pop(2));
}
```

上述程序的执行结果如图2.5所示。

3. 改进《教程》中3.1.7节的用栈求解迷宫问题的算法，累计图2.6所示的迷宫的路径条数，并输出所有迷宫路径。

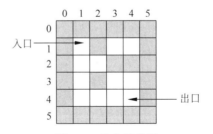

图2.5 第3章实验题2的执行结果　　　图2.6 迷宫示意图

解：修改《教程》中3.1.7节用栈求解迷宫问题的mgpath()算法，当找到一条路径后输出栈st中所有方块构成一条迷宫路径(通过临时栈tmpst恢复栈st，保证输出迷宫路径后栈st元素不变)，此时并不立即返回，而是出栈st的栈顶方块并恢复其mg元素值，再从新栈顶方块继续搜索到达出口的其他迷宫路径，直到栈st变空为止，这样就输出了所有的迷宫路径。

对应的算法和程序如下：

```java
import java.util.*;
class Box {                                              //方块结构体类型
    int i;                                               //方块的行号
    int j;                                               //方块的列号
    int di;                                              //di 是下一个可走相邻方位的方位号
    public Box(int i1,int j1,int di1) {                  //构造方法
        i=i1; j=j1; di=di1;
    }
}
class MazeClass {                                        //用栈求解所有迷宫路径类
    final int MaxSize=20;
    int[][] mg;                                          //迷宫数组
    int m,n;                                             //迷宫行/列数
    int cnt=0;                                           //迷宫路径条数
    public MazeClass(int m1,int n1) {                    //构造方法
        m=m1;
        n=n1;
        mg=new int[MaxSize][MaxSize];
    }
    public void Setmg(int[][] a) {                       //设置迷宫数组
        for(int i=0;i<m;i++) {
            for(int j=0;j<n;j++)
                mg[i][j]=a[i][j];
        }
    }
    public int mgpath(int xi,int yi,int xe,int ye) {     //求一条从(xi,yi)到(xe,ye)的迷宫路径
        int i,j,di,i1=0,j1=0;
        boolean find;
        Box box,e;
        Stack<Box> st=new Stack<Box>();                  //建立一个空栈
        st.push(new Box(xi,yi,-1));                      //入口方块进栈
        mg[xi][yi]=-1;                                   //进栈方块的 mg 置为-1
        while(!st.empty()) {                             //栈不空时循环
            box=st.peek();                               //取栈顶方块,称为当前方块
            i=box.i; j=box.j; di=box.di;
            if(i==xe && j==ye) {                         //找到了出口,输出一条迷宫路径
                Stack<Box> tmpst=new Stack<Box>();       //建立临时栈
                cnt++;                                   //路径条数增1
                System.out.print("  迷宫路径"+cnt+": ");  //输出一条迷宫路径
                while(!st.empty()) {
                    e=st.pop();
                    System.out.print("["+e.i+","+e.j+"]   ");
                    tmpst.push(e);                       //出栈元素进 tmpst 栈
                }
                while(!tmpst.empty())                    //tmpst 栈中的元素出栈并进 st 栈
                    st.push(tmpst.pop());                //恢复 st 栈
                System.out.println();
                box=st.pop();                            //退栈 st
                mg[box.i][box.j]=0;                      //让该位置变为其他路径可走方块
                i=box.i; j=box.j; di=box.di;
            }
            find=false;                                  //否则继续找路径
            while(di<4 && !find) {                       //找下一个相邻可走方块
```

```
                    di++;                              //找下一个方位的相邻方块
                    switch(di) {
                        case 0:i1=i-1; j1=j; break;
                        case 1:i1=i; j1=j+1; break;
                        case 2:i1=i+1; j1=j; break;
                        case 3:i1=i; j1=j-1; break;
                    }
                    if(mg[i1][j1]==0)
                        find=true;                     //找到下一个可走相邻方块(i1,j1)
                }
                if(find) {                             //找到了下一个可走方块
                    e=st.pop();
                    e.di=di;
                    st.push(e);                        //修改栈顶元素的 di 成员为 di
                    st.push(new Box(i1,j1,-1));        //下一个可走方块进栈
                    mg[i1][j1]=-1;                     //进栈方块的 mg 置为-1
                }
                else {                                 //没有路径可走,则退栈
                    mg[i][j]=0;                        //恢复当前方块的迷宫值
                    st.pop();                          //将栈顶方块退栈
                }
            }
        }
        return cnt;                                    //返回迷宫路径条数
    }
}
public class Exp3 {
    public static void main(String[] args) {
        int[][] a= { {1,1,1,1,1,1},{1,0,1,0,0,1}, {1,0,0,1,1,1},
                     {1,0,1,0,0,1},{1,0,0,0,0,1},{1,1,1,1,1,1} };
        MazeClass mz=new MazeClass(6,6);
        System.out.println();
        mz.Setmg(a);
        int cnt=mz.mgpath(1,1,4,4);
        if(cnt==0)
            System.out.println("    不存在迷宫路径");
        else
            System.out.println("    共计"+cnt+"条迷宫路径");
    }
}
```

上述程序的执行结果如图 2.7 所示。

图 2.7　第 3 章实验题 3 的执行结果

4. 用循环队列求解约瑟夫问题：设有 n 个人站成一圈,其编号为 $1\sim n$。从编号为 1 的人开始按顺时针方向 $1、2、\cdots\cdots$ 循环报数,数到 m 的人出列,然后从出列者的下一个人重新开始报数,数到 m 的人又出列,如此重复进行,直到 n 个人都出列为止。要求输出这 n 个人的出列顺序,并用相关数据进行测试。

解：采用 Queue<Integer>作为循环队列 qu,先将 $1\sim n$ 进队。循环 n 次共出列 n 个

人,每次从队头开始数 $m-1$ 个人(出队 $m-1$ 个人并将它们进队到队尾),再出列第 m 个人。对应的程序如下:

```java
import java.util.*;
class Joseph {                                        //求解 Joseph 问题类
    int n,m;
    public Joseph(int n1,int m1) {                    //构造方法
        n=n1; m=m1;                                   //置数据成员值
    }
    public String Jsequence() {                       //求解 Joseph 序列
        String ans="";
        Queue<Integer> qu=new LinkedList<Integer>();
        for(int i=1;i<=n;i++)                         //1 到 n 进队
            qu.offer(i);
        for(int i=1;i<=n;i++) {                       //共出列 n 个人
            for(int j=1;j<m;j++)                      //数完 m-1 个人
                qu.offer(qu.poll());
            ans+=" "+qu.poll();                       //出队第 m 个人
        }
        return ans;
    }
}
public class Exp4 {
    public static void main(String[] args) {
        System.out.println();
        System.out.println("********测试 1***********");
        int n=6,m=3;
        Joseph L=new Joseph(n,m);
        System.out.println(" n="+n+",m="+m+"的 Joseph 序列");
        System.out.println(L.Jsequence());
        System.out.println("********测试 2***********");
        n=8; m=4;
        L=new Joseph(n,m);
        System.out.println(" n="+n+",m="+m+"的 Joseph 序列");
        System.out.println(L.Jsequence());
    }
}
```

上述程序的执行结果如图 2.8 所示。

图 2.8　第 3 章实验题 4 的执行结果

2.4　第 4 章　串

1. 编写一个实验程序,在字符串 s 中存放一个采用科学记数法正确表示的数值串,将其转换成对应的实数。例如,$s=$"1.345e-2",转换的结果是 0.01345。

第 2 章 上机实验题参考答案

解：先考虑其符号,正数用 sign＝1 表示,负数用 sign＝0 表示。考虑整数和小数部分,产生一个实数 val,跳过 e 或 E,对于正指数 e,val 乘以 e 次 10,对于负指数 e,val 除以 －e 次 10。最后返回 val×sign。对应的程序如下：

```java
public class Exp1 {
    public static double Atoe(String s) {                    //s 转换为数值
        double val=0.0,power=0;
        int sign,i=0,j,e;
        char c;
        sign=1;
        if(s.charAt(i)=='+'|| s.charAt(i)=='-') {            //数的符号处理
            sign=(s.charAt(i)=='+')?1:-1;
            i++;
        }
        val=0;
        while(i<s.length()) {
            if(s.charAt(i)>='0' && s.charAt(i)<='9') {       //数字字符转换
                val=val*10+(s.charAt(i)-'0');
                i++;
            }
            else break;
        }
        if(i<s.length()) {                                    //考虑小数部分
            if(i<s.length() && s.charAt(i)=='.') {
                i++;
                power=1;
                while(i<s.length()) {
                    if(s.charAt(i)>='0'&& s.charAt(i)<='9') {
                        val=val*10+s.charAt(i)-'0';
                        power*=10;
                        i++;
                    }
                    else break;
                }
                val=val/power;
            }
        }
        if(i<s.length()) {                                    //考虑指数部分
            if(s.charAt(i)=='e'|| s.charAt(i)=='E') {
                i++;
                if(i<s.length() && (s.charAt(i)=='+'|| s.charAt(i)=='-')) {
                    c=s.charAt(i);
                    i++;
                }
                else c='+';
                e=0;
                while(i<s.length()) {
                    if(s.charAt(i)>='0'&& s.charAt(i)<='9') {
                        e=e*10+(s.charAt(i)-'0');
                        i++;
                    }
                    else break;
```

```
            }
            if(c=='+') {
                for(j=e;j>0;j--)
                    val*=10;
            }
            else {
                for(j=e;j>0;j--)
                    val/=10;
            }
        }
        return(val*sign);
    }
    public static void main(String[] args) {
        System.out.println("");
        System.out.println(" 测试 1");
        String s="+1.345e-2";
        System.out.print("    s: "+s);
        System.out.println(" s 转换的实数: "+Atoe(s));
        System.out.println(" 测试 2");
        s="-123";
        System.out.print("    s: "+s);
        System.out.println(" s 转换的实数: "+Atoe(s));
        System.out.println(" 测试 3");
        s="-1.0e-3";
        System.out.print("    s: "+s);
        System.out.println(" s 转换的实数: "+Atoe(s));
    }
}
```

上述程序的执行结果如图 2.9 所示。

2. 编写一个实验程序,求字符串 s 中出现的最长的可重叠的重复子串。例如,s="abababab",输出结果为"ababab"。

解：采用简单匹配算法的思路,先给最长重复子串的下标 maxi 和长度 maxlen 均赋值为 0。设 s="$a_0 \cdots a_{n-1}$",i 从头扫描 s,对于当前字符 a_i,判定其后是否有相同的字符,j 从 $i+1$ 开始遍历 s 后面的字符,若有 $a_i == a_j$,再判定 a_{i+1} 是否等于 a_{j+1},a_{i+2} 是否等于 a_{j+2},……,直到找到一个不同的字符为止,即找到一个重复出现的子串,把其下标 i 与长度 len 记下来,将 len 与 maxlen 相比较,保留较长的重复子串 maxi 和 maxlen。再从 a_{j+len} 之后查找重复子串。最后的 maxi 与 maxlen 即记录下最长可重叠重复子串的起始下标与长度,由其构造字符串 t 并返回。对应的程序如下：

图 2.9 第 4 章实验题 1 的执行结果

```
import java.lang.*;
import java.util.*;
public class Exp2 {
    public static String maxsubstr(String s) {      //求 s 中出现的最长的可重叠的重复子串
        int maxi=0,maxlen=0,len,i=0,j,k;
        while(i<s.length()) {                        //i 遍历 s
            j=i+1;                                    //从 i+1 开始
```

```
            while(j<s.length()) {                //查找以 si 开头的重复子串
                if(s.charAt(i)==s.charAt(j)) {   //遇到首字符相同
                    len=1;
                    while(j+len<s.length() && s.charAt(i+len)==s.charAt(j+len))
                        len++;                    //找到重复子串(i,len)
                    if(len>maxlen) {              //存放较长子串(maxi,maxlen)
                        maxi=i;
                        maxlen=len;
                    }
                    j+=len;                       //j 跳过 len 个字符继续在后面找子串
                }
                else j++;                         //首字符不相同,j 递增
            }
            i++;                                  //i 后移
        }
        String t="";                              //构造最长重复子串
        if(maxlen==0)
            t="null";
        else {
            for(i=0;i<maxlen;i++)
                t+=s.charAt(maxi+i);
        }
        return t;
    }
    public static void main(String[] args) {
        System.out.println("");
        System.out.println(" 测试 1");
        String s="ababcabccabdce";
        System.out.println(" s: "+s);
        System.out.println(" s 中最长重复子串: "+maxsubstr(s));
        System.out.println(" 测试 2");
        s="abcd";
        System.out.println(" s: "+s);
        System.out.println(" s 中最长重复子串: "+maxsubstr(s));
        System.out.println(" 测试 3");
        s="abababab";
        System.out.println(" s: "+s);
        System.out.println(" s 中最长重复子串: "+maxsubstr(s));
    }
}
```

上述程序的执行结果如图 2.10 所示。

3. 编写一个实验程序,求字符串 s 中出现的最长的不重叠的重复子串。例如,s="abababab",输出结果为"abab"。

解:思路与本节实验程序 2 类似,在查找子串中,i 扫描的是子串(i,len),j 扫描的子串为(j,len),要求两者不重叠,所以当 $i+len+1>j$ 时退出该子串的匹配。对应的程序如下:

图 2.10 第 4 章实验题 2
的执行结果

```
import java.lang.*;
import java.util.*;
public class Exp3 {
```

```java
public static String maxsubstr(String s) {        //求s中出现的最长不重叠的重复子串
    int maxi=0,maxlen=0,len,i=0,j,k;
    while(i<s.length()) {                          //i遍历s
        j=i+1;                                      //从i+1开始
        while(j<s.length()) {                       //查找以si开头的重复子串
            if(s.charAt(i)==s.charAt(j)) {         //遇到首字符相同
                len=1;
                while(j+len<s.length() && s.charAt(i+len)==s.charAt(j+len)) {
                    len++;                          //找到重复子串(i,len)
                    if(i+len+1>j) break;            //重叠时退出
                }
                if(len>maxlen) {                    //存放较长子串(maxi,maxlen)
                    maxi=i;
                    maxlen=len;
                }
                j+=len;                             //j跳过len个字符继续在后面找子串
            }
            else j++;                               //首字符不相同,j递增
        }
        i++;                                        //i后移
    }
    String t="";                                    //构造最长重复子串
    if(maxlen==0)
        t="null";
    else {
        for(i=0;i<maxlen;i++)
            t+=s.charAt(maxi+i);
    }
    return t;
}
public static void main(String[] args) {
    System.out.println("");
    System.out.println(" 测试 1");
    String s="ababcabccabdce";
    System.out.println(" s: "+s);
    System.out.println(" s中最长重复子串: "+maxsubstr(s));
    System.out.println(" 测试 2");
    s="abcd";
    System.out.println(" s: "+s);
    System.out.println(" s中最长重复子串: "+maxsubstr(s));
    System.out.println(" 测试 3");
    s="ababababa";
    System.out.println(" s: "+s);
    System.out.println(" s中最长重复子串: "+maxsubstr(s));
}
```

上述程序的执行结果如图 2.11 所示。

图 2.11　第 4 章实验题 3 的执行结果

4. 编写一个实验程序,给定两个字符串 s 和 t,求串 t 在串 s 中不重叠出现的次数,如果不是子串则返回 0。例如,$s=$ "aaaab",$t=$ "aa",则 t 在 s 中出现两次。

解:采用两种解法。用 cnt 累计 t 在串 s 中不重叠出现的次数(初始值为 0)。

(1) 基于 BF 算法,在找到子串后不退出,而是 cnt 增加 1,i 增加 t 的长度并继续查找,直到整个字符串查找完毕。

(2) 基于 KMP 算法,当匹配成功时 cnt 增加 1,并且置 j 为 0 重新开始比较。

对应的程序如下:

```java
import java.lang.*;
import java.util.*;
public class Exp4 {
    final static int MaxSize=100;
    public static int StrCount1(String s,String t) {      //基于BF算法求解
        int i=0,j,k,cnt=0;
        while(i<s.length()-t.length()) {
            for(j=i,k=0; j<s.length() && k<t.length() &&
                s.charAt(j)==t.charAt(k); j++,k++);
            if(k==t.length()) {                            //找到一个子串
                cnt++;                                     //累加次数
                i=j;                                       //i从j开始
            }
            else i++;                                      //i增加1
        }
        return cnt;
    }
    public static void GetNext(String t,int next[]) {      //求t的next数组
        int j,k;
        j=0;k=-1;next[0]=-1;
        while(j<t.length()-1) {
            if(k==-1 || t.charAt(j)==t.charAt(k)) {
                j++;k++;                                   //k为-1或两字符相等
                next[j]=k;
            }
            else k=next[k];
        }
    }
    public static int StrCount2(String s,String t) {      //基于KMP算法求解
        int i=0,j=0,cnt=0;
        int[] next=new int[MaxSize];
        GetNext(t,next);
        while(i<s.length() && j<t.length()) {
            if(j==-1 || s.charAt(i)==t.charAt(j)) {
                i++; j++;                                  //i,j各增1
            }
            else j=next[j];                                //i不变,j后退
            if(j>=t.length()) {                            //成功匹配1次
                cnt++;
                j=0;                                       //j设置为0,继续匹配
            }
        }
        return cnt;
```

```
    }
    public static void main(String[] args){
        System.out.println("");
        System.out.println("   测试 1");
        String s="aaaab";
        String t="aa";
        System.out.println("    s:"+s+" t:"+t);
        System.out.println("      BF: t在 s 中出现次数="+StrCount1(s,t));
        System.out.println("      KMP: t在 s 中出现次数="+StrCount2(s,t));
        System.out.println(" 测试 2");
        s="abcabcdabcdeabcde";
        t="abcd";
        System.out.println("    s:"+s+" t:"+t);
        System.out.println("      BF: t在 s 中出现次数="+StrCount1(s,t));
        System.out.println("      KMP: t在 s 中出现次数="+StrCount2(s,t));
        System.out.println(" 测试 3");
        s="abcABCDabc";
        t="abcd";
        System.out.println("    s:"+s+" t:"+t);
        System.out.println("      BF: t在 s 中出现次数="+StrCount1(s,t));
        System.out.println("      KMP: t在 s 中出现次数="+StrCount2(s,t));
    }
}
```

上述程序的执行结果如图 2.12 所示。

图 2.12 第 4 章实验题 4 的执行结果

2.5 第 5 章 递归

1. 求 Fibonacci(斐波那契)数列递归算法的改进。《教程》5.1.2 节中求 Fibonacci 数列的递归算法 Fib1(n)是低效的,包含大量重复的计算,请仍然采用递归改进该算法,并且输出 $n=40$ 时两个算法的执行时间。

解:改进方法是增加一个数组 dp,dp[i]存放 Fib(i)的值,初始时 dp 的所有元素为 0,当求 Fib(n)时,若 dp[n]≠0 表示该子问题已经求出,直接返回。对应的完整程序如下:

```
public class Exp1 {
    static int[] dp=new int[100];
    public static int Fib1(int n) {                              //求 Fibonacci 数列
        if(n==1 || n==2)
            return 1;
```

```java
        else
            return Fib1(n-1)+Fib1(n-2);
    }
    public static int Fib2(int n) {                    //改进算法
        if(dp[n]!=0) return dp[n];                     //已经求出,直接返回
        if(n==1 || n==2) {
            dp[n]=1;
            return dp[n];
        }
        else {
            dp[n]=Fib2(n-1)+Fib2(n-2);
            return dp[n];
        }
    }
    public static void main(String[] args) {
        int n=40;
        long s=System.currentTimeMillis();              //获取开始时间
        System.out.printf("\n Fib1(%d)=%d\n",n,Fib1(n));
        long t=System.currentTimeMillis();              //获取结束时间
        System.out.println(" 运行时间:"+(t-s)+"ms");    //输出程序运行时间
        s=System.currentTimeMillis();                   //获取开始时间
        System.out.printf(" Fib2(%d)=%d\n",n,Fib2(n));
        t=System.currentTimeMillis();                   //获取结束时间
        System.out.println(" 运行时间:"+(t-s)+"ms");    //输出程序运行时间
    }
}
```

上述程序的执行结果如图 2.13 所示。

2. 求楼梯走法数问题。一个楼梯有 n 个台阶,上楼可以一步上一个台阶,也可以一步上两个台阶,编写一个实验程序,求上楼梯共有多少种不同的走法。

图 2.13 第 5 章实验题 1 的执行结果

解：设 $f(n)$ 表示上 n 个台阶的楼梯的走法数,显然 $f(1)=1$, $f(2)=2$(一种走法是一步上一个台阶,走两步;另一种走法是一步上两个台阶)。

对于大于 2 的 n 个台阶的楼梯,一种走法是第一步上一个台阶,剩余 $n-1$ 个台阶的走法数是 $f(n-1)$;另一种走法是第一步上两个台阶,剩余 $n-2$ 个台阶的走法数是 $f(n-2)$。所以有 $f(n)=f(n-1)+f(n-2)$。

对应的递归模型如下：
$$f(1)=1$$
$$f(2)=2$$
$$f(n)=f(n-1)+f(n-2) \quad n>2$$

采用 4 种解法的程序如下：

```java
public class Exp2 {
    static int[] dp=new int[100];
    public static int solve1(int n) {                   //解法1
        if(n==1) return 1;
        if(n==2) return 2;
        return solve1(n-1)+solve1(n-2);
```

```java
    }
    public static int solve2(int n) {                       //解法 2
        if(dp[n]!=0) return dp[n];
        if(n==1) {
            dp[1]=1;
            return dp[1];
        }
        if(n==2) {
            dp[2]=2;
            return dp[2];
        }
        dp[n]=solve2(n-1)+solve2(n-2);
        return dp[n];
    }
    public static int solve3(int n) {                       //解法 3
        dp[1]=1;
        dp[2]=2;
        for(int i=3;i<=n;i++)
            dp[i]=dp[i-1]+dp[i-2];
        return dp[n];
    }
    public static int solve4(int n) {                       //解法 4
        int a=1;                                            //对应 f(n-2)
        int b=2;                                            //对应 f(n-1)
        int c=0;                                            //对应 f(n)
        if(n==1) return 1;
        if(n==2) return 2;
        for(int i=3;i<=n;i++) {
            c=a+b;
            a=b;
            b=c;
        }
        return c;
    }
    public static void main(String[] args) {
        int n=10;
        System.out.printf("\n n=%d\n",n);
        System.out.printf(" 解法 1: %d\n",solve1(n));
        System.out.printf(" 解法 2: %d\n",solve2(n));
        System.out.printf(" 解法 3: %d\n",solve3(n));
        System.out.printf(" 解法 4: %d\n",solve4(n));
    }
}
```

上述程序的执行结果如图 2.14 所示。

3. 求解皇后问题。在 $n \times n$ 的方格棋盘上放置 n 个皇后,要求每个皇后不同行、不同列、不同左右对角线,编写一个实验程序,求 n 皇后的所有解。

解:采用整数数组 $q[N]$ 存放 n 皇后问题的求解结果,因为每行只能放一个皇后,$q[i](1 \leqslant i \leqslant n)$ 的值表示第 i 个皇后所在的列号,即该皇后放在 $(i,q[i])$ 的位置上。对于图 2.15 的解,$q[1..6]=\{2,4,6,1,3,5\}$(为了简便,不使用 $q[0]$ 元素)。

图 2.14　第 5 章实验题 2 的执行结果　　　图 2.15　6 皇后问题的一个解

对于 (i,j) 位置上的皇后,是否与已放好的皇后 $(k,q[k])(1 \leqslant k \leqslant i-1)$ 有冲突呢?显然它们不同列,若同列则有 $q[k]==j$;对角线有两条,如图 2.16 所示,若它们在任意一条对角线上,则构成一个等腰直角三角形,即 $|q[k]-j|==|i-k|$。所以只要满足以下条件就存在冲突,否则不存在冲突:

$$(q[k]==j) \;||\; (abs(q[k]-j)==abs(i-k))$$

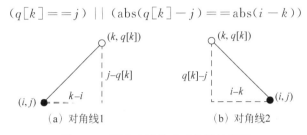

(a) 对角线1　　　　　　　(b) 对角线2

图 2.16　两个皇后构成对角线的情况

设 queen(i,n) 是在 $1 \sim i-1$ 行上已经放好了 $i-1$ 个皇后,用于在 $i \sim n$ 行放置剩下的 $n-i+1$ 个皇后,则 queen$(i+1,n)$ 表示在 $1 \sim i$ 行上已经放好了 i 个皇后,用于在 $i+1 \sim n$ 行放置剩下的 $n-i$ 个皇后。显然,queen$(i+1,n)$ 比 queen(i,n) 少放置一个皇后,所以 queen(i,n) 是"大问题",queen$(i+1,n)$ 是"小问题",求解皇后问题所有解的递归模型如下:

queen$(i,n) \equiv n$ 个皇后放置完毕,输出一个解　　　　　　　　　　$i>n$

queen$(i,n) \equiv$ 在第 i 行找到一个合适的位置 (i,j),放置一个皇后;　　其他

　　　　　　queen$(i+1,n)$;

求 6 皇后问题所有解的完整程序如下:

```java
public class Exp3 {
    static int N=21;
    static int[] q=new int[N];
    static int n;                               //n 为实际存放皇后的个数
    static int cnt=0;                           //累计解个数
    public static void dispasolution() {        //输出 n 皇后问题的一个解
        System.out.printf(" 第%d 个解:",++cnt);
        for(int i=1;i<=n;i++)
            System.out.printf(" (%d,%d)",i,q[i]);
        System.out.println();
    }
    public static int abs(int x) {              //求绝对值方法
        return x>0?x:-x;
    }
    public static boolean place(int i,int j) {  //测试(i,j)位置能否摆放皇后
```

```java
        if(i==1) return true;                    //第一个皇后总是可以放置
        int k=1;
        while(k<i) {                             //k=1~i-1 是已放置了皇后的行
            if((q[k]==j) || (abs(q[k]-j)==abs(i-k)))
                return false;
            k++;
        }
        return true;
    }
    public static void queen(int i) {            //放置 i~n 的皇后
        if(i>n)
            dispasolution();                     //所有皇后放置结束
        else {
            for(int j=1;j<=n;j++) {              //在第 i 行上试探每一个列 j
                if(place(i,j)) {                 //在第 i 行上找到一个合适位置(i,j)
                    q[i]=j;
                    queen(i+1);
                }
            }
        }
    }
    public static void main(String[] args) {
        n=6;
        System.out.printf("\n %d 皇后问题解:\n",n);
        queen(1);                                //放置 1~n 的皇后
    }
}
```

上述程序的执行结果如图 2.17 所示。

图 2.17 第 5 章实验题 3 的执行结果

2.6 第 6 章 数组和稀疏矩阵

1. 求马鞍点问题。如果矩阵 a 中存在一个元素 $a[i][j]$ 满足这样的条件：$a[i][j]$ 是第 i 行中值最小的元素，且又是第 j 列中值最大的元素，则称之为该矩阵的一个马鞍点。设计一个程序计算出 $m \times n$ 的矩阵 a 的所有马鞍点。

解：对于二维数组 $a[m][n]$，先求出每行的最小值元素放入 min 数组中，再求出每列的最大值元素放入 max 数组中。若 $\min[i]=\max[j]$，则该元素 $a[i][j]$ 便是马鞍点，找出所有这样的元素并输出。

对应的完整程序如下：

```java
public class Exp1 {
    public static void MinMax(int[][] a) {
```

```
        int m=a.length;                    //行数
        int n=a[0].length;                 //列数
        int[] min=new int[m];
        int[] max=new int[n];
        for(int i=0;i<m;i++) {             //计算每行的最小元素,放入min[i]中
            min[i]=a[i][0];
            for(int j=1;j<n;j++)
                if(a[i][j]<min[i]) min[i]=a[i][j];
        }
        for(int j=0;j<n;j++) {             //计算每列的最大元素,放入max[j]中
            max[j]=a[0][j];
            for(int i=1;i<m;i++)
                if(a[i][j]>max[j]) max[j]=a[i][j];
        }
        for(int i=0;i<m;i++) {             //判定是否为马鞍点
            for(int j=0;j<n;j++) {
                if(min[i]==max[j])         //找到并显示马鞍点
                    System.out.printf(" (%d,%d):%d\n",i,j,a[i][j]);
            }
        }
    }
    public static void disp(int[][] a) {   //输出二维数组
        for(int i=0;i<a.length;i++) {
            for(int j=0;j<a[i].length;j++)
                System.out.printf("%4d",a[i][j]);
            System.out.println();
        }
    }
    public static void main(String[] args) {
        int[][] a={{1,3,2,4},{15,10,1,3},{4,5,3,6}};
        System.out.println("\n a:");
        disp(a);
        System.out.println(" 所有马鞍点:");
        MinMax(a);
    }
}
```

上述程序的执行结果如图 2.18 所示。

2. 对称矩阵压缩存储的恢复。一个 n 阶对称矩阵 A 采用一维数组 a 压缩存储,压缩方式是按行优先顺序存放 A 的下三角和主对角线的各元素。完成以下功能:

(1) 由 A 产生压缩存储 a。

(2) 由 b 来恢复对称矩阵 C。

并通过相关数据进行测试。

图 2.18 第 6 章实验题 1 的执行结果

解:设 A 为 n 阶对称矩阵,若其压缩数组 a 中的 m 个元素,则有 $n(n+1)/2=m$,即 $n^2+n-2m=0$,求得 $n=(int)(-1+sqrt(1+8m))/2$。

A 的下三角或者主对角线 $A[i][j]$ ($i \geq j$) 元素值存放在 $b[k]$ 中,则 $k=i(i+1)/2+j$,显然 $i(i+1)/2 \leq k$,可以求出 $i \leq (-1+sqrt(1+8k))/2$,则 $i=(int)(-1+sqrt(1+8k))/2$,$j=k-i(i+1)/2$。由此设计由 k 求出 i、j 下标的算法 getij(k)。

对应的程序如下：

```java
import java.util.*;
public class Exp2 {
    public static void disp(int[][] A) {                        //输出二维数组A
        int n=A.length;
        for(int i=0;i<n;i++) {
            for(int j=0;j<n;j++)
                System.out.printf("%4d",A[i][j]);
            System.out.println();
        }
    }
    public static void compression(int[][] A,int[] a) {         //将A压缩存储到a中
        for(int i=0;i<A.length;i++) {
            for(int j=0;j<=i;j++) {
                int k=i*(i+1)/2+j;
                a[k]=A[i][j];
            }
        }
    }
    public static int[] getij(int k) {                          //由k求出i、j下标
        int[] ans=new int[2];
        int i=(int)(-1+Math.sqrt(1+8*k))/2;
        int j=k-i*(i+1)/2;
        ans[0]=i; ans[1]=j;
        return ans;
    }
    public static void Restore(int b[],int[][] C) {             //由b恢复成C
        int[] ans=new int[2];
        int m=b.length;
        int n=(int)(-1+Math.sqrt(1+8*m))/2;
        for(int k=0;k<m;k++) {                                  //求主对角线和下三角部分元素
            ans=getij(k);
            int i=ans[0];
            int j=ans[1];
            C[i][j]=b[k];
        }
        for(int i=0;i<n;i++) {                                  //求上三角部分元素
            for(int j=i+1;j<n;j++)
                C[i][j]=C[j][i];
        }
    }
    public static void main(String[] args) {
        System.out.printf("\n********测试1********\n");
        int n=3;
        int[][] A={{1,2,3},{2,4,5},{3,5,6}};
        int[][] C=new int[n][n];
        int[] a=new int [n*(n+1)/2];
        System.out.println(" A:"); disp(A);
        System.out.println(" A压缩得到a");
        compression(A,a);
        System.out.print(" a:");
        for(int i=0;i<a.length;i++)
```

```
                System.out.print(" "+a[i]);
            System.out.println();
            System.out.println(" 由 a 恢复得到 C");
            Restore(a,C);
            System.out.println(" C:"); disp(C);
            System.out.printf("\n ********* 测试 2 *********\n");
            n=4;
            int[][] B={{1,2,3,4},{2,5,6,7},{3,6,8,9},{4,7,9,10}};
            int[][] D=new int[n][n];
            int[] b=new int[n*(n+1)/2];
            System.out.println(" B:"); disp(B);
            System.out.println(" B 压缩得到 b");
            compression(B,b);
            System.out.print(" b:");
            for(int i=0;i<b.length;i++)
                System.out.print(" "+b[i]);
            System.out.println();
            System.out.println(" 由 b 恢复得到 D");
            Restore(b,D);
            System.out.println(" D:"); disp(D);
        }
    }
```

上述程序的执行结果如图 2.19 所示。

图 2.19 第 6 章实验题 2 的执行结果

3. 稀疏矩阵乘法。编写一个程序,给定两个大小为 $n \times n$ 的矩阵 **A** 和 **B**,求它们的乘积,只要求输出模 3 的结果。输入来自文件 abc.in,输出结果存放在 abc.out 文件中。例如,abc. in 文件如下:

```
3
1 2 3
3 1 2
9 3 1
5 2 1
4 6 2
7 8 9
```

结果文件 abc.out 如下：

```
1 2 2
0 1 2
1 2 0
```

解：由于两个矩阵的乘积结果是求模 3 的结果，这样模 3 后会有较多的 0，为此采用稀疏矩阵三元组存放 A 和 B 矩阵元素模 3 的结果，均按行优先存储。样例中矩阵 A 的三元组表示 a 如下：

行号	列号	值
0	0	1
0	1	2
1	1	1
1	2	2
2	2	1

矩阵 B 的三元组表示 b 如下：

下标	行号	列号	值
0	0	0	2
1	0	1	2
2	0	2	1
3	1	0	1
4	1	2	2
5	2	0	1
6	2	1	2

结果矩阵用二维数组 c 表示。用 i 遍历 a，若遍历元素的行号为 $a[i][0]$、列号为 $j=a[i][1]$，在 b 中找到行号为 j 的元素，若其位置为 k，将它们的元素值相乘，结果累加到 $c[a[i][0]][b[k][1]]$ 中。为了在 b 中快速找到行号为 j 的元素，用 tag 数组标识 b 中所有行号为 j 的元素的起始位置和元素个数，如前面 b 的 tag 如下：

j	起始位置	个数	
0	0	3	//b 中行号为 0 的元素的首位置为 0，共 3 个
1	3	2	//b 中行号为 1 的元素的首位置为 3，共两个
2	5	2	//b 中行号为 2 的元素的首位置为 5，共两个

最后输入 c 中元素模 3 的结果。对应的完整程序如下：

```java
import java.io.FileInputStream;
import java.io.FileNotFoundException;
import java.io.PrintStream;
import java.util.Scanner;
public class Exp3 {
    static int MAX=801;
    static int[][] a=new int[MAX*MAX][3];           //A 的三元组表示
    static int[][] b=new int[MAX*MAX][3];           //B 的三元组表示
    static int[][] tag=new int[MAX][2];             //位置标识数组
    static int cnta,cntb;                           //分别为 a 和 b 中元素的个数
    static int[][] c=new int[MAX][MAX];             //存放乘法结果
```

```java
static int n;
public static void Mult() {                                    //乘法运算算法
    for(int i=0;i<cnta;i++) {
        int j=a[i][1];                                         //取列号
        if(tag[j][1]>0) {
            for(int k=tag[j][0];k<tag[j][0]+tag[j][1];k++)
                c[a[i][0]][b[k][1]]+=a[i][2]*b[k][2];
        }
    }
}
public static void disp() {                                    //输出 c
    for(int i=0;i<n;i++) {
        for(int j=0;j<n;j++) {
            if(j!=n-1)
                System.out.printf("%d ",c[i][j]%3);
            else
                System.out.printf("%d\n",c[i][j]%3);
        }
    }
}
public static void main(String[] args) throws FileNotFoundException {
    System.setIn(new FileInputStream("abc.in"));               //将标准输入流重定向至 abc.in
    Scanner fin = new Scanner(System.in);
    System.setOut(new PrintStream("abc.out"));                 //将标准输出流重定向至 abc.out
    int x;
    n=fin.nextInt();                                           //输入 n
    cnta=0;
    for(int i=0;i<n;i++) {                                     //输入 A
        for(int j=0;j<n;j++) {
            x=fin.nextInt();
            x=x%3;
            if(x!=0) {                                         //仅存放非 0 元素
                a[cnta][0]=i; a[cnta][1]=j; a[cnta][2]=x;
                cnta++;
            }
        }
    }
    int cnti;
    boolean first;
    cntb=0;
    for(int i=0;i<n;i++) {                                     //输入 B
        cnti=0;
        first=true;
        for(int j=0;j<n;j++) {
            x=fin.nextInt();
            x=x%3;
            if(x!=0) {                                         //仅存放非 0 元素
                b[cntb][0]=i; b[cntb][1]=j; b[cntb][2]=x;
                if(first) {
                    tag[i][0]=cntb;                            //标识 b 的第 i 行首元素的位置
                    first=false;
                }
                cnti++;                                        //累计第 i 行元素的个数
```

```
                cntb++;
            }
        }
        tag[i][1]=cnti;                    //第i行输入完毕后保存元素的个数
    }
    Mult();
    disp();
}
```

2.7 第7章 树和二叉树

1. 编写一个实验程序,假设非空二叉树采用二叉链存储结构,所有结点值为单个字符且不相同。将一棵二叉树 bt 的左、右子树进行交换,要求不破坏原二叉树,并且采用相关数据进行测试。

解:题目要求不破坏原二叉树,只有通过交换二叉树 bt 的左、右子树产生新的二叉树 bt1。假设 bt 的根结点为 b,bt1 的根结点为 t,对应的递归模型如下:

$f(b,t) \equiv t = \text{null}$ $b = \text{null}$
$f(b,t) \equiv$ 复制根结点 b 产生新结点 t;   其他
        $f(b.\text{lchild},t1); f(b.\text{rchild},t2);$
        $t.\text{lchild}=t2; t.\text{rchild}=t1;$

对应的完整程序如下:

```java
import java.util.*;
@SuppressWarnings("unchecked")
public class Exp1 {
    public static BTreeClass Swap(BTreeClass bt) {
        BTreeClass bt1=new BTreeClass();
        bt1.b=Swap1(bt.b);
        return bt1;
    }
    private static BTNode<Character> Swap1(BTNode<Character> b) {
        BTNode<Character> t,t1,t2;
        if(b==null)
            t=null;
        else {
            t=new BTNode<Character>(b.data);       //复制根结点
            t1=Swap1(b.lchild);                    //交换左子树
            t2=Swap1(b.rchild);                    //交换右子树
            t.lchild=t2;
            t.rchild=t1;
        }
        return t;
    }
    public static void main(String[] args) {
```

```
            String s="A(B(D(,G)),C(E,F))";
            BTreeClass bt=new BTreeClass();
            bt.CreateBTree(s);
            System.out.println();
            System.out.println(" bt: "+bt.toString());
            BTreeClass bt1;
            System.out.println(" bt-> bt1");
            bt1=Swap(bt);
            System.out.println(" bt1: "+bt1.toString());
        }
    }
```

上述程序的执行结果如图 2.20 所示。

2. 编写一个实验程序,假设二叉树采用二叉链存储结构,所有结点值为单个字符且不相同。求 x 和 y 结点的最近公共祖先结点(LCA),假设二叉树中存在结点值为 x 和 y 的结点,并且采用相关数据进行测试。

图 2.20 第 7 章实验题 1 的执行结果

解:由于二叉树中存在结点值为 x 和 y 的结点,则 LCA 一定是存在的。采用先序遍历求根到 x 结点的路径 pathx(根到 x 结点的正向路径),根到 y 结点的路径 pathy,从头开始找到它们中最后一个相同的结点。当然,也可以采用后序非递归算法或者层次遍历,但这些方法要么需要遍历二叉树两次,要么回推路径比较麻烦。这里改为采用先序遍历,过程一次遍历即可完成。

设计 BTNode<Character> LCA1(BTNode<Character> t,char x,int y)算法返回根结点为 t 的二叉树中 x 和 y 结点的 LCA。

(1) 若 t=null,返回 null。

(2) 若找到 x 或者 y 结点,即 t.data==x || t.data==y,返回 t。

(3) 递归调用 p=LCA1(t.lchild,x,y),在 t 的左子树中查找 x 或者 y 结点。

(4) 递归调用 q=LCA1(t.rchild,x,y),在 t 的右子树中查找 x 或者 y 结点。

(5) 只有 p!=null 并且 q!=null(即在 t 的子树中找到 x 和 y 结点),即 t 结点就是 LCA,才返回 t。

(6) 否则找到 x 或者 y 结点的子树继续查找另一个结点。

(7) 若全部没有找到,返回 null。

对应的完整程序如下:

```java
import java.util.*;
@SuppressWarnings("unchecked")
public class Exp2 {
    public static char LCA(BTreeClass bt,char x,int y) {
        return LCA1(bt.b,x,y).data;
    }
    private static BTNode<Character> LCA1(BTNode<Character> t,char x,int y) {
        BTNode<Character> p,q;
        if(t!=null) {
            if(t.data==x || t.data==y)         //找到x或者y结点,返回t
                return t;
```

```
                    p=LCA1(t.lchild,x,y);           //在左子树中查找 x 或者 y 结点
                    q=LCA1(t.rchild,x,y);           //在右子树中查找 x 或者 y 结点
                    if(p!=null && q!=null)          //只有在 t 的子树中找到 x 和 y 结点,才返回 t
                        return t;
                    if(p!=null)
                        return p;
                    if(q!=null)
                        return q;
                }
                return null;
            }
            public static void solve(BTreeClass bt,char x,int y) {
                System.out.printf(" %c 和%c 的 LCA: %c\n",x,y,LCA(bt,x,y));
            }
            public static void main(String[] args) {
                String s="A(B(D(,G)),C(E,F))";
                BTreeClass bt=new BTreeClass();
                bt.CreateBTree(s);
                System.out.println();
                System.out.println(" bt: "+bt.toString());
                solve(bt,'A','A'); solve(bt,'F','F');
                solve(bt,'B','F');solve(bt,'G','E');
                solve(bt,'G','B');solve(bt,'F','G');
            }
        }
```

上述程序的执行结果如图 2.21 所示。

3. 编写一个实验程序,假设二叉树采用二叉链存储结构,所有结点值为单个字符且不相同。采用《教程》中的例 7.15 的 3 种解法按层次顺序(从上到下、从左到右)输出一棵二叉树中的所有结点,并且利用图 2.22 进行测试。

图 2.21　第 7 章实验题 2 的执行结果

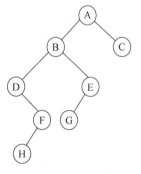

图 2.22　一棵二叉树

解:采用层次遍历,难点是如何确定每一层的结点何时访问完,3 种解法见《教程》中的例 7.15。对应的完整程序如下:

```
import java.lang.*;
import java.util.*;
public class Exp3 {
    public static void Leveldisp1(BTreeClass bt) {      //解法1:分层次输出所有结点
        String str="";                                  //存放各层的结点
```

```java
class QNode {
    int lno;                                          //结点的层次
    BTNode<Character> node;                           //结点的引用
    public QNode(int l, BTNode<Character> no) {       //构造方法
        lno=l;
        node=no;
    }
}
Queue<QNode> qu=new LinkedList<QNode>();              //定义一个队列qu
QNode p;
qu.offer(new QNode(1,bt.b));                          //根结点(层次为1)进队
int curl=1;                                           //当前层次,从1开始
while(!qu.isEmpty()) {                                //队不空时循环
    p=qu.poll();                                      //出队一个结点
    if(p.lno==curl)
        str+=p.node.data+" ";                         //当前结点是第curl层的结点
    else {
        System.out.println("    第"+curl+"层结点: "+str);
        curl++;
        str="";
        str+=p.node.data+" ";                         //当前结点是第curl+1层的首结点
    }
    if(p.node.lchild!=null)                           //有左孩子时将其进队
        qu.offer(new QNode(p.lno+1,p.node.lchild));
    if(p.node.rchild!=null)                           //有右孩子时将其进队
        qu.offer(new QNode(p.lno+1,p.node.rchild));
}
System.out.println("    第"+curl+"层结点: "+str);
}
public static void Leveldisp2(BTreeClass bt) {        //解法2:分层次输出所有结点
    String str="";                                    //存放各层的结点
    Queue<BTNode> qu=new LinkedList<BTNode>();        //定义一个队列qu
    BTNode<Character> p,q=null;
    int curl=1;                                       //当前层次,从1开始
    BTNode<Character> last;                           //当前层中的最右结点
    last=bt.b;                                        //第1层的最右结点
    qu.offer(bt.b);                                   //根结点进队
    while(!qu.isEmpty()) {                            //队不空时循环
        p=qu.poll();                                  //出队一个结点
        str+=p.data+" ";                              //当前结点是第curl层的结点
        if(p.lchild!=null) {                          //有左孩子结点时,将其进队
            q=p.lchild;
            qu.offer(q);
        }
        if(p.rchild!=null) {                          //有右孩子结点时,将其进队
            q=p.rchild;
            qu.offer(q);
        }
        if(p==last) {                                 //当前层的所有结点处理完毕
            System.out.println("    第"+curl+"层结点: "+str);
            str="";
            last=q;                                   //让last指向下一层的最右结点
            curl++;
```

```java
            }
        }
    }
    public static void Leveldisp3(BTreeClass bt) {       //解法3:分层次输出所有结点
        String str="";                                    //存放各层的结点
        Queue<BTNode> qu=new LinkedList<BTNode>();        //定义一个队列qu
        BTNode<Character> p,q=null;
        int curl=1;                                       //当前层次,从1开始
        qu.offer(bt.b);                                   //根结点进队
        str+=bt.b.data;
        while(!qu.isEmpty()) {                            //队不空时循环
            System.out.println("    第"+curl+"层结点: "+str);
            str="";
            int n=qu.size();                              //求出当前层的结点个数
            for(int i=1;i<=n;i++) {                       //出队当前层的n个结点
                p=qu.poll();                              //出队一个结点
                if(p.lchild!=null) {                      //有左孩子结点时,将其进队
                    qu.offer(p.lchild);
                    str+=p.lchild.data+" ";
                }
                if(p.rchild!=null) {                      //有右孩子结点时,将其进队
                    qu.offer(p.rchild);
                    str+=p.rchild.data+" ";
                }
            }
            curl++;                                       //转向下一层
        }
    }
    public static void solve(BTreeClass bt) {
        System.out.println();
        System.out.println("  求解结果");
        System.out.println("    解法1:");
        Leveldisp1(bt);
        System.out.println("    解法2:");
        Leveldisp2(bt);
        System.out.println("    解法3:");
        Leveldisp3(bt);
    }
    public static void main(String[] args) {
        String s="A(B(D(,F(H)),E(G)),C)";
        BTreeClass bt=new BTreeClass();
        bt.CreateBTree(s);
        System.out.println("bt: "+bt.toString());
        solve(bt);
    }
}
```

上述程序的执行结果如图2.23所示。

4. 编写一个实验程序,假设二叉树采用二叉链存储结构,所有结点值为单个字符且不相同。采用先序遍历、非递归后序遍历和层次遍历方式输出二叉树中从根结点到每个叶子结点的路径,并且利用图2.22进行测试。

解:先序遍历求解思路见《教程》中例7.11的解法2,非递归后序遍历求解思路见《教

图 2.23 第 7 章实验题 3 的执行结果

程》中例 7.14,层次遍历求解思路见《教程》中的例 7.16。对应的完整程序如下:

```java
import java.util.*;
@SuppressWarnings("unchecked")
public class Exp4 {
    public static void AllPath1(BTreeClass bt) {       //解法1:先序遍历
        char[] path=new char[100];
        int d=-1;
        PreOrder(bt.b,path,d);
    }
    private static void PreOrder(BTNode<Character> t,char[] path,int d) {   //先序遍历输出结果
        if(t!=null) {
            if(t.lchild==null && t.rchild==null) {       //t 为叶子结点
                System.out.printf("    根结点到%c的路径:",t.data);
                for(int i=0;i<=d;i++)
                    System.out.print(path[i]+" ");
                System.out.println(t.data);
            }
            else {
                d++;                                      //路径长度增1
                path[d]=t.data;                           //将当前结点放入路径中
                PreOrder(t.lchild,path,d);                //递归遍历左子树
                PreOrder(t.rchild,path,d);                //递归遍历右子树
            }
        }
    }
    public static void AllPath2(BTreeClass bt) {       //解法2:非递归后序遍历
        PostOrder(bt.b);
    }
    private static void PostOrder(BTNode<Character> t) {
        Stack<BTNode> st=new Stack<BTNode>();          //定义一个栈
        BTNode<Character> p=t,q;
        boolean flag;
        do {
            while(p!=null) {                            //p 及其所有左下结点进栈
                st.push(p);
                p=p.lchild;
            }
            q=null;                                     //q 指向前一个刚访问结点或为空
            flag=true;                                  //表示在处理栈顶结点
```

```java
        while(!st.empty() && flag) {
            p=st.peek();                                    //取当前栈顶结点
            if(p.rchild==q) {                               //若p结点的右子树已访问或为空
                if(p.lchild==null && p.rchild==null) {     //当前访问的结点是叶子结点
                    System.out.printf("      根结点到%c的路径:",p.data);
                    String str="";
                    BTNode<Character> e;
                    Stack<BTNode> st1=new Stack<BTNode>();
                    while(!st.empty())                      //将st栈元素出栈并进st1栈
                        st1.push(st.pop());
                    while(!st1.empty()) {                   //将st1栈元素出栈并进st栈
                        e=st1.pop();
                        str+=e.data+" ";
                        st.push(e);
                    }
                    System.out.println(str);
                }
                st.pop();                                   //结点访问后退栈
                q=p;                                        //让q指向刚被访问的结点
            }
            else {                                          //若p结点的右子树没有遍历
                p=p.rchild;                                 //转向处理其右子树
                flag=false;                                 //转向处理p结点的右子树
            }
        }
    } while(!st.empty());                                   //栈空结束
}
public static void AllPath3(BTreeClass bt) {                //解法3:层次遍历
    class QNode {
        BTNode<Character> node;                             //结点的引用
        QNode parent;                                       //结点的双亲结点
        public QNode(BTNode<Character> no, QNode pa) {      //构造方法
            node=no;
            parent=pa;
        }
    }
    Queue<QNode> qu=new LinkedList<QNode>();                //定义一个队列qu
    QNode p;
    qu.offer(new QNode(bt.b,null));                         //根结点的双亲结点为null
    while(!qu.isEmpty()) {                                  //队列不为空
        p=qu.poll();                                        //出队一个结点
        if(p.node.lchild==null && p.node.rchild==null) {    //p结点为叶子结点
            String str="";
            QNode f=p;
            while(f!=null) {
                str+=f.node.data;
                f=f.parent;
            }
            System.out.printf(" 根结点到%c的路径:",p.node.data);
            for(int i=str.length()-1;i>=0;i--)
                System.out.print(str.charAt(i)+" ");
            System.out.println();
```

```
            }
                if(p.node.lchild!=null)                    //左孩子结点进队
                    qu.offer(new QNode(p.node.lchild,p));
                if(p.node.rchild!=null)                    //右孩子结点进队
                    qu.offer(new QNode(p.node.rchild,p));
            }
        }
        public static void solve(BTreeClass bt) {
            System.out.println();
            System.out.println(" 求解结果");
            System.out.println("   解法1:");
            AllPath1(bt);
            System.out.println("   解法2:");
            AllPath2(bt);
            System.out.println("   解法3:");
            AllPath3(bt);
        }
        public static void main(String[] args) {
            String s="A(B(D(,F(H)),E(G)),C)";
            BTreeClass bt=new BTreeClass();
            bt.CreateBTree(s);
            System.out.println();
            System.out.println(" bt: "+bt.toString());
            solve(bt);
        }
    }
```

上述程序的执行结果如图2.24所示。

5. 编写一个实验程序,给定一个字符串 str,包含一个简单算术表达式的后缀表达式(仅包含正整数和'+'、'-'、'*'、'/'运算符)。完成以下任务:

(1) 将后缀表达式采用二叉树表示(称为表达式树)。例如,一个后缀表达式 str="10#3#-3#5#2#/*+"对应的二叉树表示如图2.25所示。

图2.24 第7章实验题4的执行结果

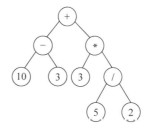

图2.25 一棵表达式树

(2) 采用括号表示法输出该表达式树。
(3) 利用该表达式树求出表达式的值,上述表达式树的求值结果是14.5。
(4) 将该表达式树转换为中缀表达式并输出。

解:采用《教程》中3.1.7节的求后缀表达式值的过程构造表达式树(将求值步骤改为建立表达式树的结点),再利用后序遍历方式求值,利用先序遍历产生对应的中缀表达式。对应的完整程序如下:

```java
import java.util.*;
class Node {                                    //表达式树结点类
    int data;
    char op;
    Node lchild, rchild;
    public Node(int data) {                     //构造方法1
        this.data=data;
        lchild=rchild=null;
    }
    public Node(char op) {                      //构造方法2
        this.op=op;
        lchild=rchild=null;
    }
}
public class Exp5 {
    static Node root;                           //表达式二叉树的根结点
    static String bstr;                         //二叉树的括号表示串
    public static void CreateEt(String str) {   //创建表达式树
        Node p,a,b;
        int i=0;
        char ch;
        Stack<Node> st=new Stack<Node>();       //定义一个栈
        while(i<str.length()) {
            ch=str.charAt(i);
            if(ch=='+'||ch=='-'||ch=='*'||ch=='/') {    //遇到运算符
                p=new Node(ch);
                a=st.pop();
                b=st.pop();
                p.lchild=b; p.rchild=a;
                st.push(p);
                i++;
            }
            else {                              //其他为运算数
                int d=0;
                while(i<str.length() && ch!='#') {  //将运算数串转换为数值d
                    d=d*10+(ch-'0');
                    i++;
                    ch=str.charAt(i);
                }
                a=new Node(d);
                st.push(a);
                i++;
            }
        }
        root=st.peek();                         //栈顶结点为根结点
    }
    public static String DispEt() {             //返回二叉链的括号表示串
        bstr="";
        DispEt1(root);
        return bstr;
    }
    private static void DispEt1(Node t) {       //被DispEt()方法调用
        if(t!=null) {
```

```java
            if(t.lchild==null && t.rchild==null)
                bstr+=(int)t.data;                    //叶子结点输出 data
            else
                bstr+=t.op;                            //非叶子结点输出 op
            if(t.lchild!=null || t.rchild!=null) {
                bstr+="(";                             //有孩子结点时输出"("
                DispEt1(t.lchild);                     //递归输出左子树
                if(t.rchild!=null)
                    bstr+=",";                         //有右孩子结点时输出","
                DispEt1(t.rchild);                     //递归输出右子树
                bstr+=")";                             //输出")"
            }
        }
    }
    public static double Comp() {                      //求表达式树的值
        return Comp1(root);
    }
    public static double Comp1(Node t) {               //被 Comp()方法调用
        if(t.lchild==null && t.rchild==null)
            return t.data;
        double a=Comp1(t.lchild);
        double b=Comp1(t.rchild);
        switch(t.op) {
            case '-': return a-b;
            case '+': return a+b;
            case '*': return a*b;
            case '/': return 1.0*a/b;
        }
        return 0;
    }
    public static String DispIn() {                    //输出中缀表达式
        bstr="";
        DispIn1(root,1);
        return bstr;
    }
    public static void DispIn1(Node t, int h) {        //被 DispIn()方法调用
        if(t==null) return;
        else if(t.lchild==null && t.rchild==null)      //叶子结点
            bstr+=t.data;
        else {
            if(h>1) bstr+="(";                         //有子表达式加一层括号
            DispIn1(t.lchild,h+1);                     //处理左子树
            bstr+=t.op;                                //输出运算符
            DispIn1(t.rchild,h+1);                     //处理右子树
            if(h>1) bstr+=")";                         //有子表达式加一层括号
        }
    }
    public static void main(String[] args) {
        String str="10#3#-3#5#2#/*+";                  //后缀表达式
        System.out.println();
        System.out.println("  后缀表达式:"+str);
        System.out.println("  (1)创建表达式二叉树 root");
        CreateEt(str);
```

```
        System.out.println("    (2)输出表达式二叉树");
        System.out.println("         root: "+DispEt());
        System.out.println("    (3)计算表达式值: "+Comp());
        System.out.println("    (4)对应的中缀表达式: "+DispIn());
    }
}
```

上述程序的执行结果如图 2.26 所示。

图 2.26　第 7 章实验题 5 的执行结果

6. 编写一个实验程序,给定一个字符串,统计其中 ASCII 码为 0～255 的字符出现的次数,构造出对应的哈夫曼编码,用其替换产生加密码(其他字符保持不变),再由加密码解密产生原字符串,并且利用相关数据进行测试。

解：采用《教程》中 7.7 节的原理构造哈夫曼树并产生哈夫曼编码,由原字符串 s 产生加密码 str,再由 str 解密产生 s。对应的完整程序如下：

```java
import java.lang.*;
import java.util.*;
@SuppressWarnings("unchecked")
class HTNode {                                    //哈夫曼树结点类
    char data;                                    //结点值,假设为单个字符
    double weight;                                //权值
    public HTNode parent;                         //双亲结点
    HTNode lchild;                                //左孩子结点
    HTNode rchild;                                //右孩子结点
    boolean flag;                                 //标识是双亲的左或者右孩子
    public HTNode() {                             //构造方法
        parent=null;
        lchild=null;
        rchild=null;
        data='A';
    }
    public double getw() {                        //取结点权值的方法
        return weight;
    }
}
public class Exp6 {
    final static int MAXN=562;                    //最多结点个数
    static HTNode[] ht=new HTNode[MAXN];          //存放哈夫曼树
    static HTNode root;                           //哈夫曼树的根结点
    static String[] hcd=new String[MAXN];         //存放哈夫曼编码
    static int[] w=new int[MAXN];                 //权值数组
    static char[] d=new char[MAXN];               //存放字符
    static int n0;                                //存放叶子结点的个数
    static int[] map=new int[MAXN];               //ASCII 码到下标的转换
    public static void CreateHT() {               //构造哈夫曼树
        Comparator<HTNode> priComparator          //定义 priComparator
```

```
        = new Comparator<HTNode>() {
            public int compare(HTNode o1,HTNode o2) {      //用于创建小根堆
                return(int)(o1.getw()-o2.getw());          //weight 越小越优先
            }
        };
    PriorityQueue<HTNode> pq=new PriorityQueue<>(MAXN,priComparator);
                                                           //定义优先队列
    for(int i=0;i<n0;i++) {                                //建立 n0 个叶子结点并进队
        ht[i]=new HTNode();                                //建立 ht[i]结点
        ht[i].parent=null;                                 //将双亲结点设置为空
        ht[i].data=d[i];
        ht[i].weight=w[i];
        pq.offer(ht[i]);
    }
    for(int i=n0;i<(2*n0-1);i++) {                         //合并操作
        HTNode p1=pq.poll();                               //出队两个权值最小的结点 p1 和 p2
        HTNode p2=pq.poll();
        ht[i]=new HTNode();                                //建立 ht[i]结点
        p1.parent=ht[i];                                   //设置 p1 和 p2 的双亲为 ht[i]
        p2.parent=ht[i];
        ht[i].weight=p1.weight+p2.weight;                  //求权值和
        ht[i].lchild=p1;                                   //p1 结点作为双亲 ht[i]的左孩子结点
        p1.flag=true;
        ht[i].rchild=p2;                                   //p2 结点作为双亲 ht[i]的右孩子结点
        p2.flag=false;
        pq.offer(ht[i]);                                   //ht[i]结点进队
    }
    root=pq.poll();                                        //队中的最后一个结点就是根结点
}
private static String reverse(String s) {                  //逆置字符串 s
    String t="";
    for(int i=s.length()-1;i>=0;i--)
        t+=s.charAt(i);
    return t;
}
public static void CreateHCode() {                         //根据哈夫曼树求哈夫曼编码
    for(int i=0;i<n0;i++) {                                //遍历下标从 0 到 n0-1 的叶子结点
        hcd[i]="";
        HTNode p=ht[i];                                    //从 ht[i]开始找双亲结点
        while(p.parent!=null) {
            if(p.flag)                                     //p 结点是双亲的左孩子结点
                hcd[i]+='0';
            else                                           //p 结点是双亲的右孩子结点
                hcd[i]+='1';
            p=p.parent;
        }
        hcd[i]=reverse(hcd[i]);                            //逆置
    }
}
public static void DispHuffman() {                         //输出哈夫曼编码
    String str;
    for(int i=0;i<n0;i++) {
        str="    "+ht[i].data+": "+hcd[i];
```

```java
            if((i+1)%3==0)                          //每行输出3个字符
                System.out.println(str);
            else {
                System.out.print(str);
                if(str.length()<8) System.out.print("\t\t");
                else System.out.print("\t");
            }
        }
    }
    public static String encryption(String s) {     //加密方法
        String str="";
        for(int i=0;i<s.length();i++) {
            int cd=(int)s.charAt(i);                //取字符s[i]的ASCII码cd
            if(cd>=0 && cd<256) {                   //有效字符
                int j=map[cd];                      //s[i]对应ht/hcd的下标j
                str+=hcd[j];                        //替换为哈夫曼编码
            }
            else str+=s.charAt(i);                  //其他字符保持不变
        }
        return str;
    }
    public static String Decrypt(String s) {        //解密方法
        String str="";
        int i=0;
        while(i<s.length()) {
            int cd=s.charAt(i);
            if(cd>=0 && cd<256) {                   //有效字符
                HTNode p=root;                      //从根结点开始匹配
                while(i<s.length()) {
                    if(s.charAt(i)=='0')
                        p=p.lchild;
                    else
                        p=p.rchild;
                    i++;
                    if(p.lchild==null && p.rchild==null)
                        break;                      //匹配叶子结点时退出
                }
                str+=p.data;
            }
            else {                                  //其他字符保持不变
                str+=s.charAt(i);
                i++;
            }
        }
        return str;
    }
    public static void DispStr(String str) {        //输出字符串str
        System.out.print("  ");
        for(int i=0;i<str.length();i++) {
            if((i+1)%60==0) {                       //每行最多输出60个字符
                System.out.println(str.charAt(i));
                System.out.print("  ");
            }
```

```
            else System.out.print(str.charAt(i));
        }
        System.out.println();
    }
    public static void main(String[] args) {
        String s="China Connect is 好 the 样 largest 的 European gathering.";
        System.out.println("\n 原字符串:"); DispStr(s);
        int[] cnt=new int[256];
        int cd;
        for(int i=0;i<s.length();i++) {
            cd=(int)s.charAt(i);
            if(cd>=0 && cd<256) cnt[cd]++;
        }
        n0=0;
        for(int i=0;i<256;i++) {
            if(cnt[i]>0) {
                d[n0]=(char)i;              //存放 ASCII 码为 i 的字符
                map[i]=n0;                  //ASCII 码为 i 对应 ht/hcd 的下标 n0
                w[n0]=cnt[i];               //该字符出现的次数
                n0++;
            }
        }
        CreateHT();
        CreateHCode();
        System.out.println(" 各个字符的哈夫曼编码:");
        DispHuffman();
        System.out.println(" 加密结果:");
        String str=encryption(s); DispStr(str);
        System.out.println(" 解密结果:");
        s=Decrypt(str); DispStr(s);
    }
}
```

上述程序的执行结果如图 2.27 所示。

图 2.27　第 7 章实验题 6 的执行结果

2.8　第 8 章　图

1. 编写一个实验程序,对于不带权图,按深度优先遍历找到从指定顶点 u 出发且长度为 m 的所有路径,并求图 2.28 中 $u=0$、$m=3$ 的结果。

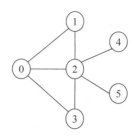

图 2.28 一个图

解：采用带回溯的深度优先遍历算法，设计思路与《教程》中的例 8.8 相同。对应的实验程序如下：

```java
import java.util.*;
class ArcNode {                                         //边结点类
    int adjvex;                                         //该边的终点编号
    ArcNode nextarc;                                    //指向下一条边的指针
    int weight;                                         //该边的相关信息,例如边的权值
}
class VNode {                                           //表头结点类型
    String[] data;                                      //顶点信息
    ArcNode firstarc;                                   //指向第一条边的相邻顶点
}
class AdjGraphClass {                                   //图邻接表类
    final int MAXV=100;                                 //表示最多顶点个数
    final int INF=0x3f3f3f3f;                           //表示∞
    VNode[] adjlist;                                    //邻接表头数组
    int n,e;                                            //图中顶点数 n 和边数 e
    public AdjGraphClass() {                            //构造方法
        adjlist=new VNode[MAXV];
        for(int i=0;i<MAXV;i++)
            adjlist[i]=new VNode();
    }
    public void CreateAdjGraph(int[][] a,int n,int e) { //通过数组 a、n 和 e 建立邻接表
        this.n=n; this.e=e;                             //置顶点数和边数
        ArcNode p;
        for(int i=0;i<n;i++)                            //给邻接表中所有头结点的指针置初值
            adjlist[i].firstarc=null;
        for(int i=0;i<n;i++) {                          //检查边数组 a 中的每个元素
            for(int j=n-1;j>=0;j--) {
                if(a[i][j]!=0 && a[i][j]!=INF) {        //存在一条边
                    p=new ArcNode();                    //创建一个边结点 p
                    p.adjvex=j; p.weight=a[i][j];
                    p.nextarc=adjlist[i].firstarc;      //采用头插法插入 p 结点
                    adjlist[i].firstarc=p;
                }
            }
        }
    }
    public void DispAdjGraph() {                        //输出图的邻接表
        ArcNode p;
        for(int i=0;i<n;i++) {
            System.out.printf(" [%d]",i);
```

```java
                p=adjlist[i].firstarc;              //p结点指向第一个邻接点
                while(p!=null) {
                    System.out.printf("->(%d,%d)",p.adjvex,p.weight);
                    p=p.nextarc;                    //p结点移向下一个邻接点
                }
                System.out.println("->∧");
            }
        }
    }
    public class Exp1 {
        static final int MAXV=100;                  //表示最多顶点个数
        static int[] visited=new int[MAXV];
        static int cnt=0;
        static void DFS(AdjGraphClass G,int u,int m,int[] path,int d) {  //从顶点u出发深度优先遍历
            ArcNode p;
            visited[u]=1;
            d++; path[d]=u;                         //将顶点u添加到path中
            if(d==m) {                              //找到长度为m的路径
                cnt++;
                System.out.print(" 路径"+cnt+": ");
                for(int i=0;i<=d;i++)
                    System.out.print(path[i]+" ");
                System.out.println();
            }
            p=G.adjlist[u].firstarc;
            while(p!=null) {
                int w=p.adjvex;
                if(visited[w]==0)
                    DFS(G,w,m,path,d);
                p=p.nextarc;
            }
            visited[u]=0;
            d--;
        }
        public static void main(String[] args) {
            AdjGraphClass G=new AdjGraphClass();
            int n=6,e=7;
            int[][] a={{0,1,1,1,0,0},{1,0,1,0,0,0},{1,1,0,1,1,1},
                       {1,0,1,0,0,0},{0,0,1,0,0,0},{0,0,1,0,0,0}};
            G.CreateAdjGraph(a,n,e);
            System.out.printf("\n 图 G\n");
            G.DispAdjGraph();
            int u=0,m=3;
            System.out.println(" 起点 u="+u+",m="+m+"的求解结果");
            int path[]=new int[MAXV];
            Arrays.fill(visited,0);                 //初始化所有元素为0
            DFS(G,u,m,path,-1);
        }
    }
```

上述程序的执行结果如图 2.29 所示。

2. 推箱子是一个很经典的游戏,今天做一个简单版本。在一个 $n \times m$ 的房间里有一个箱子和一个搬运工,搬运工的工作就是把箱子推到指定的位置。注意,搬运工只能推箱子而不能拉箱子,因此如果箱子被推到一个角上(如图 2.30 所示),那么箱子就不能再被移动了;

如果箱子被推到一面墙上,那么箱子只能沿着墙移动。

图 2.29　第 8 章实验题 1 的执行结果

图 2.30　推箱子示意图

现在给定房间的结构、箱子的位置、搬运工的位置和箱子要被推去的位置,请计算出搬运工至少要推动箱子多少格。

输入格式:输入数据的第一行是一个整数 $T(1 \leqslant T \leqslant 20)$,代表测试数据的数量;然后是 T 组测试数据,每组测试数据的第一行是两个正整数 n 和 $m(2 \leqslant n, m \leqslant 7)$,代表房间的大小;接下来是一个 n 行 m 列的矩阵,代表房间的布局,其中 0 代表空的地板,1 代表墙,2 代表箱子的起始位置,3 代表箱子要被推去的位置,4 代表搬运工的起始位置。

输出格式:对于每组测试数据,输出搬运工最少需要推动箱子多少格才能把箱子推到指定位置,如果不能推到指定位置则输出 -1。

输入样例:

```
1
5 5
0 3 0 0 0
1 0 1 4 0
0 0 1 0 0
1 0 2 0 0
0 0 0 0 0
```

输出样例:

```
4
```

解:推箱子的方位设置图如图 2.31 所示。在找到箱子位置 now 后,推箱子是与方位有关的,0 方位推箱子的情况如图 2.32 所示,pre 位置必须能够到达搬运工的起始位置,next 是可以推箱子的方向,其他方位推箱子的情况以此类推。

图 2.31　方位设置图

图 2.32　0 方位推箱子的情况

采用嵌套 BFS,外层 BFS 是从箱子到终点找一条箱子移动的路径,用内层 BFS 来判断人能否从上一个方块走到这一个方块(pre 位置)。

对应的实验程序如下:

```java
import java.lang.*;
import java.util.*;
import java.util.Scanner;
class Node {                                    //队列结点类型
    int x,y;                                    //搜索的位置
    int px,py;                                  //搬运工走到的位置
    int ans;
}
public class Exp2 {
    static int MAXN=10;
    static int n,m;
    static int[][] mat=new int[MAXN][MAXN];     //存放图
    static int[][] dir={{-1,0},{1,0},{0,-1},{0,1}}; //存放上、下、左、右四周的偏移量
    static Node st;                             //存放搬运工位置(px,py)和箱子位置(x,y)
    static void Copy(Node a,Node b) {           //结点值的复制
        a.x=b.x;
        a.y=b.y;
        a.px=b.px;
        a.py=b.py;
        a.ans=b.ans;
    }
    static boolean check(int x,int y) {         //检测(x,y)是否有效
        if(x<1||x>n||y<1||y>m||mat[x][y]==1)
            return false;
        else
            return true;
    }
    static boolean bfs_person(Node a,Node c) {  //从 a 搬运工位置能否找到 a 的当前位置(x,y)
        Queue<Node> qu=new LinkedList<Node>();  //定义一个队列
        int[][] visited=new int[MAXN][MAXN];
        Node next;
        Node b=new Node();
        b.x=a.px; b.y=a.py;                     //b 取搬运工的位置
        qu.offer(b);                            //b 进队
        visited[b.x][b.y]=1;
        while(!qu.isEmpty()) {
            Node now=qu.poll();
            if(now.x==a.x && now.y==a.y)        //找到箱子的位置
                return true;
            for(int i=0;i<4;i++) {
                next=new Node();
                Copy(next,now);
                next.x+=dir[i][0];
                next.y+=dir[i][1];
                if(!check(next.x,next.y)|| (next.x==c.x && next.y==c.y))
                    continue;                   //路径不能经过 c 位置,否则会死循环
                if(visited[next.x][next.y]==1)  //已经搜索过
                    continue;
```

```java
            visited[next.x][next.y]=1;
            qu.offer(next);
        }
    }
    return false;
}
static int bfs_box() {                              //推箱子算法
    Queue<Node> qu=new LinkedList<Node>();          //定义一个队列
    Node next;
    Node pre;
    int[][][] visited=new int[MAXN][MAXN][4];
    st.ans=0;                                       //初始 st 中(px,py)为搬运工的位置
    qu.offer(st);                                   //初始 st 中(x,y)为箱子的位置
    while(!qu.isEmpty()) {
        Node now=qu.poll();                         //出队方块 now,其(x,y)为当前搜索位置
        if(mat[now.x][now.y]==3)                    //找到箱子要被推去的位置
            return now.ans;                         //返回 ans
        for(int i=0;i<4;i++) {                      //试探搜索位置的四周,方位为 i
            next=new Node();
            Copy(next,now);                         //next 为 now 的方位 i 的邻接位置
            next.x+=dir[i][0];
            next.y+=dir[i][1];
            if(!check(next.x,next.y) || visited[next.x][next.y][i]==1)
                continue;                           //next 无效时继续
            pre=new Node();
            Copy(pre,now);                          //pre 为 now 的前一个方位 i 的邻接位置
            if(i==0) pre.x=pre.x+1;
            else if(i==1) pre.x=pre.x-1;
            else if(i==2) pre.y=pre.y+1;
            else if(i==3) pre.y=pre.y-1;
            if(!check(pre.px,pre.py))               //若 pre 中的搬运工位置无效
                continue;
            else if(!bfs_person(pre,now))           //从 pre 的搬运工位置找不到位置 now.(x,y)
                continue;
            visited[next.x][next.y][i]=1;           //设置已经搜索标志
            next.px=now.x; next.py=now.y;           //搬运工走到 now 的搜索位置
            next.ans=now.ans+1;                     //路径长度增 1
            qu.offer(next);                         //将 next 进队
        }
    }
    return -1;
}
public static void main(String[] args) {
    Scanner fin=new Scanner(System.in);
    int T;
    T=fin.nextInt();
    while(T-->0) {
        st=new Node();                              //存放搬运工位置(px,py)和箱子位置(x,y)
        n=fin.nextInt();
        m=fin.nextInt();
        for(int i=1;i<=n;i++)
            for(int j=1;j<=m;j++)
                mat[i][j]=fin.nextInt();
```

```
            }
        for(int i=1;i<=n;i++) {
            for(int j=1;j<=m;j++) {
                if(mat[i][j]==4) {              //搬运工的位置
                    st.px=i;
                    st.py=j;
                }
                else if(mat[i][j]==2) {         //箱子的位置
                    st.x=i;
                    st.y=j;
                }
            }
        }
        System.out.println(bfs_box());
    }
}
```

3. 设计广域网中某些结点之间的连接,已知该区域中的一组结点以及用电缆连接结点对的路线,对于两个结点之间的每条可能路线给出所需的电缆长度。注意,两个给定结点之间可能存在许多路径,这里给定的路线仅仅连接该区域中的两个结点。请为该区域设计网络,以便在任意两个结点之间是可以连接的(直接或间接),并且使用电缆的总长度最小。

输入格式:输入文件由许多数据集组成,每个数据集定义一个网络,第一行包含两个整数,P 给出结点个数,R 给出路径数,接下来的 R 行定义了结点之间的路线,每行给出 3 个整数,其中前两个数字标识结点,第 3 个给出路线的长度,数字用空格分隔。另外,仅给出一个数字 $P=0$ 的数据集表示输入结束。数据集用空行分隔。

最大结点数为 50,给定路线的最大长度为 100,可能的路线数量不受限制。结点用 1 和 P(含)之间的整数标识,两个结点 i 和 j 之间的路线可以为 $i\ j$ 或 $j\ i$。

输出格式:对于每个数据集,在单独的行上打印一个数字,该行显示用于设计整个网络的电缆的总长度。

输入样例:

```
1 0

2 3
1 2 37
2 1 17
1 2 68

3 7
1 2 19
2 3 11
3 1 7
1 3 5
2 3 89
3 1 91
1 2 32
```

```
5 7
1 2 5
2 3 7
2 4 8
4 5 11
3 5 10
1 5 6
4 2 12
0
```

输出样例：

```
0
17
16
26
```

解：用数组 $E[0..m-1]$ 存放 m 条边，采用最小生成树构造算法求最小生成树的所有边长和 ans，这里采用克鲁斯卡尔算法。对应的 AC 程序如下：

```java
import java.lang.*;
import java.util.*;
import java.util.Scanner;
class Edge {                                    //边数组元素类
    int u;                                      //边的起始顶点
    int v;                                      //边的终止顶点
    int w;                                      //边的权值
    public Edge(int u,int v,int w) {            //构造方法
        this.u=u;
        this.v=v;
        this.w=w;
    }
}
public class Exp3 {
    final static int MAXV=55;                   //表示最多顶点个数
    final static int MAXE=3000;                 //表示最多边数
    static int[] parent=new int[MAXV];          //并查集存储结构
    static int[] rank=new int[MAXV];            //存储结点的秩
    static int n,m;
    static Edge[] E;                            //存放所有边的数组E
    static int ans;                             //存放求解结果
    public static void Init() {                 //并查集的初始化
        for(int i=1;i<=n;i++) {                 //顶点编号为1~n
            parent[i]=i;
            rank[i]=0;
        }
    }
    public static int Find(int x) {             //在并查集中查找x结点的根结点
        if(x!=parent[x])
            parent[x]= Find(parent[x]);         //路径压缩
        return parent[x];
```

```java
}
    public static void Union(int x,int y) {          //并查集中 x 和 y 的两个集合的合并
        int rx=Find(x);
        int ry=Find(y);
        if(rx==ry)                                    //x 和 y 属于同一棵树的情况
            return;
        if(rank[rx]<rank[ry])
            parent[rx]=ry;                            //rx 结点作为 ry 的孩子
        else {
            if(rank[rx]==rank[ry])                    //秩相同,合并后 rx 的秩增 1
                rank[rx]++;
            parent[ry]=rx;                            //ry 结点作为 rx 的孩子
        }
    }
    public static void Kruskal() {                    //求最小生成树的边长和
        ans=0;
        Arrays.sort(E,0,m,new Comparator<Edge>() {    //E 数组按 w 递增排序
            public int compare(Edge o1,Edge o2) {     //返回值>0 时进行交换
                return o1.w-o2.w;
            }
        });
        Init();
        int cnt=1;                                    //cnt 表示当前构造生成树的第几条边,初值为 1
        int j=0;                                      //取 E 中边的下标,初值为 0
        while(cnt<n) {                                //生成的边数小于 n 时循环
            int u1=E[j].u; int v1=E[j].v;             //取一条边的头、尾顶点
            int sn1=Find(u1);
            int sn2=Find(v1);                         //分别得到两个顶点所属的集合的编号
            if(sn1!=sn2) {                            //两顶点属于不同的集合,加入不会构成回路
                ans+=E[j].w;
                cnt++;                                //生成边数增 1
                Union(u1,v1);                         //合并
            }
            j++;                                      //继续取 E 的下一条边
        }
    }
    public static void main(String[] args) {
        Scanner fin=new Scanner(System.in);
        while(fin.hasNext()) {
            E=new Edge[MAXE];
            n=fin.nextInt();
            if(n==0) break;
            m=fin.nextInt();
            for(int i=0;i<m;i++) {                    //E[0..m-1]存放 m 条边
                int x,y,w;
                x=fin.nextInt();
                y=fin.nextInt();
                w=fin.nextInt();
                E[i]=new Edge(x,y,w);
            }
            Kruskal();
            System.out.println(ans);
        }
    }
}
```

上述程序的执行时间为547ms,空间为5268KB。

技巧:题目中仅仅指出顶点个数的最大值为50,没有指定边数的最大值MAXE。MAXE取值太大(如100 000)时会超过空间限制,MAXE取值太小(如1000)时会出现空间溢出;而50×(50-1)=2450,所以取MAXE为3000比较合适。

4. 虽然草儿是个路痴,但是草儿仍然很喜欢旅行,因为在旅途中会遇见很多人、很多事,还能丰富自己的阅历,还可以看到美丽的风景。草儿想去很多地方,她想去东京铁塔看夜景,去威尼斯看电影,去阳明山上看海芋,去纽约看雪景,去巴黎喝咖啡……眼看寒假就快到了,这么一大段时间可不能浪费,一定要给自己好好放个假,可是也不能荒废了训练,所以草儿决定要在最短的时间去一个自己想去的地方。因为草儿的家在一个小镇上,没有火车经过,所以她只能去邻近的城市坐火车。

输入格式:输入数据有多组,每组的第一行是3个整数 T、S 和 D,表示有 T 条路,和草儿家相邻的城市有 S 个,草儿想去的地方有 D 个;接着有 T 行,每行有3个整数 a、b、time,表示 a 和 b 城市之间的车程是 time 小时($1 \leqslant a, b \leqslant 1000$,$a$ 和 b 之间可能有多条路);接着的第 $T+1$ 行有 S 个数,表示和草儿家相连的城市;接着的第 $T+2$ 行有 D 个数,表示草儿想去的地方。

输出格式:输出草儿能去某个喜欢的城市的最短时间。

输入样例:

```
6 2 3                    //T=6,S=2,D=3
1 3 5
1 4 7
2 8 12
3 8 4
4 9 12
9 10 2
1 2                      //相连的城市是 1 和 2
8 9 10                   //草儿想去的城市是 8,9,10
```

输出样例:

```
9
```

提示:类似的题目有 HDU2544、HDU1874、HDU2112、HDU1217 和 HDU1548。

解:本题将草儿的家看成顶点0,将从草儿家到相邻城市的时间看作0,题目就是求草儿家到各个目的地的最短路径长度。对于样例,图中包含顶点1到10,共6条道路,草儿家的顶点为0,到顶点1和2的时间看作0,目的地有顶点8、9、10。最后求出草儿能去喜欢的城市8的最短时间是9,如图2.33所示。

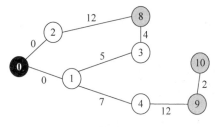

图2.33 样例对应的图

用link数组表示和草儿家相连的城市,want数组表示草儿想去的地方,即目的地集合。采用Dijkstra算法,以顶点0为源点,求出源点到want中每个顶点 i 的最短路径长度 dist[i]($i \in$ want),在这样的 dist[i] 中取最小值即可。

对应的实验程序如下：

```java
import java.lang.*;
import java.util.*;
public class Main {
    static final int INF=0x3f3f3f3f;                    //表示∞
    static final int MAXV=1001;                          //表示最多顶点个数
    static int[][] mat=new int[MAXV][MAXV];              //邻接矩阵
    static int V;                                         //顶点个数
    static int[] dist=new int[MAXV];                     //用于Dijkstra算法
    static int[] S=new int[MAXV];                        //用于Dijkstra算法
    static void Dijkstra(int[] link,int n) {             //Dijkstra算法(起始顶点为0)
        Arrays.fill(S,0);
        for(int i=1;i<=V;i++) {
            dist[i]=INF;
            S[i]=0;
        }
        for(int i=1;i<=n;i++)
            dist[link[i]]=0;
        while(true) {
            int u=-1;
            for(int i=1;i<=V;i++) {                      //查找V-S中dist最小的顶点u
                if(S[i]==0 && (u==-1||dist[u]>dist[i]))
                    u=i;
            }
            if(u==-1) break;
            S[u]=1;
            for(int j=1;j<=V;j++) {
                if(dist[j]>dist[u]+mat[u][j])
                    dist[j]=dist[u]+mat[u][j];
            }
        }
    }
    public static void main(String[] args) {
        Scanner fin=new Scanner(System.in);
        int T,S,D;
        while(fin.hasNext()) {
            T=fin.nextInt();                              //获取第一行
            S=fin.nextInt();
            D=fin.nextInt();
            V=0;                                           //以最大顶点编号作为顶点个数
            for(int i=1;i<MAXV;i++) {                     //邻接矩阵初始化
                for(int j=1;j<MAXV;j++)
                    mat[i][j]=(i==j?0:INF);
            }
            for(int i=1;i<=T;i++) {                       //获取邻接矩阵
                int a,b,time;
                a=fin.nextInt();
                b=fin.nextInt();
                time=fin.nextInt();
                V=Math.max(V,Math.max(a,b));
                if(mat[a][b]>time)                        //a、b之间可能有多条路
                    mat[a][b]=mat[b][a]=time;             //取最小时间
```

```
        }
        int[] link=new int[MAXV];
        int[] want=new int[MAXV];
        for(int i=1;i<=S;i++)              //获取S个和草儿家相连的城市
            link[i]=fin.nextInt();
        for(int i=1;i<=D;i++)              //获取D个草儿想去的地方
            want[i]=fin.nextInt();
        Dijkstra(link,S);
        int ans=INF;
        for(int i=1;i<=D;i++)
            ans=Math.min(ans,dist[want[i]]);
        System.out.println(ans);
        }
    }
}
```

2.9 第9章 查找

1. 已知 sqrt(2)约等于1.414,要求不用数学库,求 sqrt(2),精确到小数点后10位。

解:由于已知 sqrt(2)约等于1.414,那么就可以在(1.4,1.5)区间做折半查找,直到查找区间的长度≤0.000 000 000 1。对应的程序如下:

```
public class Exp1 {
    static final double EPSINON=0.0000000001;
    static double sqrt2() {
        double low=1.4,high=1.5;
        double mid=(low+high)/2;
        while(high-low>EPSINON) {
            if(mid * mid<2)
                low=mid;
            else
                high=mid;
            mid=(low+high)/2;
        }
        return mid;
    }
    public static void main(String[] args) {
        System.out.println();
        System.out.printf(" sqrt(2)=%.10f\n",sqrt2());
    }
}
```

上述程序的执行结果如图 2.34 所示。

sqrt(2)=1.4142135623

图 2.34 第9章实验题1的执行结果

2. 小明要输入一个整数序列 $a_1, a_2, \cdots, a_n$ (所有整数均不相同),他在输入过程中随时要删除当前输入部分或全部序列中的最大整数或者最小整数,为此小明设计了一个结构 S

和如下功能算法。

(1) insert(S,x)：向结构 S 中添加一个整数 x。

(2) delmin(S)：在结构 S 中删除最小整数。

(3) delmax(S)：在结构 S 中删除最大整数。

请帮助小明设计出一个好的结构 S，尽可能在时间和空间两方面高效地实现上述算法，并给出各算法的时间复杂度。

解：采用一棵平衡二叉树 S 存放输入的整数序列，最小整数为根结点 S 的最左下结点，最大整数为根结点 S 的最右下结点。这里采用 Java 中的 TreeSet 集合实现 S。对应的程序如下：

```java
import java.util.*;
class MyClass {                                          //MyClass 类
    TreeSet<Integer> S=new TreeSet<Integer>();
    public void insert(int x) {                          //向结构 S 中添加一个整数 x
        S.add(x);
    }
    public void delmin() {                               //在结构 S 中删除最小整数
        S.pollFirst();
    }
    public void delmax() {                               //在结构 S 中删除最大整数
        S.pollLast();
    }
    public void disp() {                                 //输出 S 中的所有元素
        for(Integer e:S)
            System.out.print(" "+e);
        System.out.println();
    }
}
public class Exp2 {
    public static void main(String[] args) {
        Scanner fin=new Scanner(System.in);
        MyClass s=new MyClass();
        int sel,x;
        System.out.println();
        while(true) {
            System.out.print(" 操作:1—输入 2—删除最小元素 3—删除最大元素 0—退出 选择:");
            sel=fin.nextInt();
            if(sel==0) break;
            if(sel==1) {
                System.out.print(" x:");
                x=fin.nextInt();
                s.insert(x);
                System.out.print(" **插入后: "); s.disp();
            }
            else if(sel==2) {
                s.delmin();
                System.out.print(" **删除后: "); s.disp();
            }
            else if(sel==3) {
                s.delmax();
```

```
                System.out.print(" **删除后: "); s.disp();
            }
            else System.out.println(" **操作错误");
        }
        System.out.println();
    }
}
```

上述程序的一次执行结果如图 2.35 所示,3 个算法的时间复杂度均为 $O(\log_2 n)$。

3. 有一个整数序列,其中存在相同的整数,创建一棵二叉排序树。按递增顺序输出所有不同整数的名次(第几小的整数,从 1 开始计)。例如,整数序列为(3,5,4,6,6,5,1,3),求解结果是 1 的名次为 1、3 的名次为 2、4 的名次为 4、5 的名次为 5、6 的名次为 7。

解:在二叉排序树的结点中增加 size 成员表示以这个结点为根的子树中结点的个数(包括自己),cnt 成员表示相同关键字出现的次数(把 key 相同的整数放在一个结点中)。采用《教程》中第 9 章的方法创建这样的二叉排序树 bt,例如,由整数序列(3,5,4,6,6,5,1,3)创建的二叉排序树如图 2.36 所示,结点旁边的(x,y),x 表示 size,y 表示 cnt。

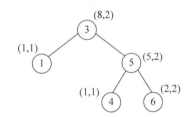

图 2.35 第 9 章实验题 2 的执行结果　　　　图 2.36 一棵二叉排序树

求二叉排序树中关键字 k 的名次,即树中小于或等于 k 的结点个数,这里是最小排名,若有多个关键字 k,返回第一个 k 的名次。在以结点 p 为根结点的子树中求关键字 k 的名次的过程如下。

(1) 若当前结点 p 的关键字等于 k,返回其左子树结点个数+1(这里是最小排名,如果是最大排名,改为返回左子树结点个数+1)。

(2) 若 k 小于结点 p 的关键字,说明结果在左子树中,返回在左子树中查找关键字 k 的名次的结果。

(3) 若 k 大于结点 p 的关键字,说明结果在右子树中,则需要将右子树查找到的关键字 k 的结果加上左子树和根的名次。

对应的程序如下:

```
import java.util.*;
class BSTNode {                              //二叉排序树结点类
    public int key;                          //存放关键字,假设关键字为 int 型
    int size;                                //以这个结点为根的子树中结点的个数
    int cnt;                                 //相同关键字出现的次数
    public BSTNode lchild;                   //存放左孩子指针
```

```
        public BSTNode rchild;                          //存放右孩子指针
        BSTNode() {                                     //构造方法
            lchild=rchild=null;
            size=cnt=1;
        }
    }
    class BSTClass {                                    //二叉排序树类
        public BSTNode r;                               //二叉排序树的根结点
        public BSTClass() {                             //构造方法
            r=null;
        }
        public void InsertBST(int k) {                  //插入一个关键字为 k 的结点
            InsertBST1(r,k);
        }
        private int getsize(BSTNode p) {                //求结点 p 的 size
            if(p==null) return 0;
            else return p.size;
        }
        private BSTNode InsertBST1(BSTNode p,int k) {   //在以 p 为根的 BST 中插入关键字为 k 的结点
            if(p==null) {                               //原树为空,新插入的元素为根结点
                p=new BSTNode();
                p.key=k;
            }
            else if(k==p.key)                           //关键字 k 重复
                p.cnt++;
            else if(k<p.key)
                p.lchild=InsertBST1(p.lchild,k);        //插入 p 的左子树中
            else if(k>p.key)
                p.rchild=InsertBST1(p.rchild,k);        //插入 p 的右子树中
            p.size=getsize(p.lchild)+getsize(p.rchild)+p.cnt;  //维护结点 p 的 size 值
            return p;
        }
        public void CreateBST(int[] a) {                //由关键字序列 a 创建一棵二叉排序树
            r=new BSTNode();                            //创建根结点
            r.key=a[0];
            for(int i=1;i<a.length;i++)                 //创建其他结点
                InsertBST1(r,a[i]);                     //插入关键字 a[i]
        }
        public int Rank(int k) {                        //求关键字 k 的名次
            return Rank1(r,k);
        }
        private int Rank1(BSTNode p,int k) {            //在结点 p 的子树中求关键字 k 的名次
            if(p==null) return 0;
            if(k==p.key)                                //找到关键字为 k 的结点
                return getsize(p.lchild)+1;
            if(k<p.key)
                return Rank1(p.lchild,k);
            else
                return Rank1(p.rchild,k)+getsize(p.lchild)+p.cnt;
        }
        public void DispBST() {                         //输出二叉排序树的括号表示串
            DispBST1(r);
        }
```

```java
        private void DispBST1(BSTNode p) {            //被 DispBST()方法调用
            if(p!=null) {
                System.out.print(p.key+"["+p.size+","+p.cnt+"]");    //输出根结点值
                if(p.lchild!=null || p.rchild!=null) {
                    System.out.print("(");            //有孩子结点时才输出"("
                    DispBST1(p.lchild);               //递归处理左子树
                    if(p.rchild!=null)
                        System.out.print(",");        //有右孩子结点时才输出","
                    DispBST1(p.rchild);               //递归处理右子树
                    System.out.print(")");            //有孩子结点时才输出")"
                }
            }
        }
    }
    public class Exp3 {
        public static void main(String[] args) {
            int[] a={3,5,4,6,6,5,1,3};
            BSTClass bt=new BSTClass();
            bt.CreateBST(a);
            System.out.println();
            System.out.print(" BST: "); bt.DispBST(); System.out.println();
            TreeSet<Integer> s=new TreeSet();
            for(int i=0;i<a.length;i++)               //采用 TreeSet 集合去重
                s.add(a[i]);
            System.out.println(" 求解结果");
            for(Integer e:s)
                System.out.println(" "+e+"的名次是"+bt.Rank(e));
        }
    }
```

上述程序的执行结果如图 2.37 所示。

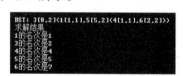

图 2.37　第 9 章实验题 3 的执行结果

4. 实现一个 FreqStack 类，模拟类似栈的数据结构的操作的一个类。FreqStack 有两个成员方法，push(int x)用于将整数 x 进栈，pop()用于移除并返回栈中出现最频繁的元素。如果出现最频繁的元素不止一个，则移除并返回最接近栈顶的元素。例如，将(5,7,5,7,4,5)整数序列进栈，出栈结果如下：

pop()：返回 5，因为 5 是出现频率最高的，栈变成[5,7,5,7,4]（栈底到栈顶）。
pop()：返回 7，因为 5 和 7 都是出现频率最高的，但 7 最接近栈顶，栈变成[5,7,5,4]。
pop()：返回 5，栈变成[5,7,4]。
pop()：返回 4，栈变成[5,7]。

解：根据 FreqStack 类的功能，每个进栈元素 x 都对应一个当前出现次数（即当前频率），例如，依次将 5,7,5,7,4,5 进栈后，第一个进栈元素 5 的当前出现次数为 1，第 3 个进栈元素 5 的当前出现次数为 2，第 6 个进栈元素 5 的当前出现次数为 3，将所有当前出现次

数相同的元素用一个 Stack<Integer>保存(因为要求当前出现次数相同时最接近栈顶的元素先出栈),为此设计 FreqStack 类的成员变量如下。

(1) HashMap<Integer,Integer>集合 freq:用于累计元素 x 的最多出现次数,关键字为 x、值为 x 的最多出现次数。

(2) int 变量 maxfreq:表示所有元素的最大出现次数。

(3) HashMap<Integer,Stack<Integer>>集合 group:表示当前出现次数相同的元素栈序列,关键字为当前出现次数 c,值为 Stack<Integer>栈,按最接近栈顶顺序(先进后出)存放所有具有 c 出现次数的 x。

设计 FreqStack 类的 3 个成员方法如下。

(1) push(x):将元素 x 进栈。

(2) push(x):按要求出栈一个元素。

(3) isempty():判断栈是否为空。

例如,依次将 5、7、5、7、4、5 进栈后,上述成员变量的结果如图 2.38 所示,图中下标表示是第几个进栈元素。

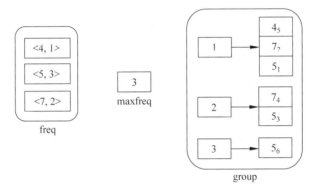

图 2.38 所有元素进栈后成员变量的结果

在执行第 1 个 pop()时,maxfreq=3,在 group 中找到关键字 3 对应的栈,出栈元素 $x=5_6$,对应栈变为空,将 freq 中关键字 5 对应的出现次数减 1 变为 2。由于 group 中关键字 3 对应的栈为空,将 maxfreq 减 1 变为 2(不再有出现 3 次的栈元素),返回 x,即 5。3 个成员变量的结果如图 2.39 所示。

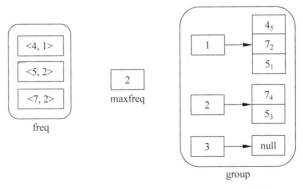

图 2.39 第一次执行 pop()后成员变量的结果

执行第 2 个 pop() 时，maxfreq＝2，在 group 中找到关键字 2 对应的栈，出栈元素 $x=7_4$，将 freq 中关键字 7 对应的出现次数减 1 变为 1。由于 group 中关键字 7 对应的栈不为空，maxfreq 不变，返回 x，即 7。3 个成员变量的结果如图 2.40 所示。

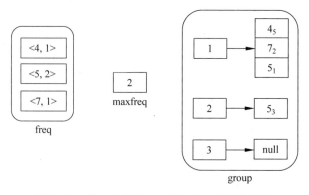

图 2.40　第 2 次执行 pop() 后成员变量的结果

其他 pop() 操作以此类推，显然 maxfreq＝0 时栈为空。对应的程序如下：

```java
import java.util.*;
@SuppressWarnings("unchecked")
class FreqStack {
    HashMap<Integer,Integer> freq;
    HashMap<Integer,Stack<Integer>> group;
    int maxfreq;
    public FreqStack() {                            //构造方法
        freq=new HashMap();
        group=new HashMap();
        maxfreq=0;
    }
    public void push(int x) {                       //进栈操作
        int f=freq.getOrDefault(x,0)+1;
        freq.put(x,f);
        if(f>maxfreq)
            maxfreq=f;
        group.computeIfAbsent(f,z->new Stack()).push(x);
    }
    public int pop() {                              //出栈操作
        int x=group.get(maxfreq).pop();
        freq.put(x,freq.get(x)-1);
        if(group.get(maxfreq).size()==0)
            maxfreq--;
        return x;
    }
    public boolean isempty() {                      //栈是否为空
        return maxfreq==0;
    }
}
public class Exp4 {
    public static void main(String[] args) {
        FreqStack st=new FreqStack();
        System.out.println();
```

```
        System.out.println("进栈元素 5"); st.push(5);
        System.out.println("进栈元素 7"); st.push(7);
        System.out.println("进栈元素 5"); st.push(5);
        System.out.println("进栈元素 7"); st.push(7);
        System.out.println("进栈元素 4"); st.push(4);
        System.out.println("进栈元素 5"); st.push(5);
        System.out.print("所有元素的出栈序列：");
        while(!st.isempty())                            //出栈所有元素
            System.out.print(" "+st.pop());
        System.out.println();
    }
}
```

上述程序的执行结果如图 2.41 所示。FreqStack 类的 push() 方法中语句 group.computeIfAbsent(f,z—> new Stack()).push(x)的功能是,若 group 中存在键 f 的映射,返回对应的值,即一个 Stack<Integer>集合,通过执行 Stack 的 push(x) 方法向其中进栈 x；若 group 中不存在键 f 的映射,则在 group 中新建一个键 f 的映射,值为 Stack<Integer>类型的空栈,再执行 Stack 的 push(x) 方法向该空栈中进栈 x。z—> new Stack() 是一个用 Lambda 表达式表示的匿名函数,"—>"左边的 z 为函数参数,右边的 new Stack() 为函数体,即新创建一个 Stack() 栈对象。

图 2.41 第 9 章实验题 4 的执行结果

2.10 第 10 章 排序

1. **求无序序列的前 k 个元素。** 有一个含 n (n<100) 个整数的无序数组 a,编写一个高效程序输出其中前 k ($1 \leq k \leq n$) 个最小的元素(输出结果不必有序),并用相关数据进行测试。

解：如果将无序数组 a 的元素递增排序,则 $a[0..k-1]$ 就是前 k 个最小的元素并且是递增有序的,对应的算法平均时间复杂度至少为 $O(n\log_2 n)$。这里并不需要全部排序,仅仅求前 k 个最小的元素。

现在采用快速排序过程,若当前划分中基准归位的位置 i 为 $k-1$,则 $a[0..k-1]$ 就是要求的前 k 个最小的元素；若 $k-1<i$,则在左区间中查找,否则在右区间中查找。可以证明该方法的时间复杂度为 $O(n)$。

对应的完整程序如下：

```
public class Exp1 {
    static int Partition(int[] a,int s,int t) {         //按表首元素为基准进行划分
        int i=s,j=t;
        int base=a[s];                                   //以表首元素为基准
        while(i!=j) {                                    //从表两端交替向中间遍历,直到 i=j 为止
```

```java
            while(j>i && a[j]>=base)           //从后向前遍历,找一个小于基准的a[j]
                j--;
            if(j>i) {
                a[i]=a[j];                      //a[j]前移覆盖a[i]
                i++;
            }
            while(i<j && a[i]<=base)
                i++;                            //从前向后遍历,找一个大于基准的a[i]
            if(i<j) {
                a[j]=a[i];                      //a[i]后移覆盖a[j]
                j--;
            }
        }
        a[i]=base;                              //基准归位
        return i;                               //返回归位的位置
    }
    static void QuickSort(int a[],int s,int t,int k) {   //对a[s..t]的元素进行快速排序
        if(s<t) {                                         //区间内至少存在两个元素的情况
            int i=Partition(a,s,t);
            if(i==k-1)                                    //找到第k小的元素
                return;
            else if(k-1<i)
                QuickSort(a,s,i-1,k);                     //在左区间中查找
            else
                QuickSort(a,i+1,t,k);                     //在右区间中查找
        }
    }
    static void Getprek(int[] a,int n,int k) {            //输出a中前k个最小的元素
        if(k>=1 && k<=n) {
            QuickSort(a,0,n-1,k);
            System.out.printf(" 前%d 个最小元素：",k);
            for(int i=0;i<k;i++)
                System.out.printf("%2d",a[i]);
            System.out.println();
        }
        else System.out.printf(" 参数k=%d 错误\n",k);
    }
    static void Copy(int[] a,int[] b,int n) {             //将b数组复制给a数组
        for(int i=0;i<n;i++)
            a[i]=b[i];
    }
    public static void main(String[] args) {
        int[] b={3,6,8,1,4,7,5,2};
        int n=b.length;
        int[] a=new int[100];
        Copy(a,b,n);
        System.out.printf("\n 初始数序:");
        for(int i=0;i<n;i++)
            System.out.printf("%2d",a[i]);
        System.out.println();
        for(int k=0;k<=n+1;k++) {
            Getprek(a,n,k);
            Copy(a,b,n);
        }
    }
}
```

上述程序的执行结果如图 2.42 所示。

图 2.42 第 10 章实验题 1 的执行结果

2. 三路归并排序。采用递归方法设计一个三路归并排序算法,并给出整数序列(10,9, 8,7,6,5,4,3,2,1)共 10 个元素的递增排序过程。

解：递归三路归并排序的思路是当 $a[i..j]$ 至少有两个元素时将其分为 3 个段 $a[i.. m_1]$、$a[m_1+1..m_2]$ 和 $a[m_2+1..j]$，分别称为第 0 段、第 1 段和第 2 段，对它们的排序为 3 个子问题。当它们排好序后，将 3 个有序段合并为一个有序段即可。对应的递归模型如下：

$f(a,i,j) \equiv$ 不做任何事件 $a[i..j]$ 中只有一个元素或没有元素
$f(a,i,j) \equiv m=(j-i+1)/3; m_1=i+m; m_2=i+2*m;$ 其他
     $f(a,i,m_1);$
     $f(a,m_1+1,m_2);$
     $f(a,m_2+1,j);$
     $Merge3(a,i,m_1,m_2,j);$

对应的程序如下：

```java
public class Exp2 {
    static final int INF=0x3f3f3f3f;                //表示∞
    static void disp(int a[],int low,int high) {    //输出 a[low..high]
        for(int i=low;i<=high;i++)
            System.out.printf("%3d",a[i]);
        System.out.println();
    }
    static int Min3(int[] x) {                      //求 x 数组中最小元素的序号 mink
        int mink=0;
        for(int i=1;i<3;i++) {
            if(x[i]<x[mink]) mink=i;
        }
        if(x[mink]==INF)                            //最小元素为∞时返回-1
            return -1;
        return mink;
    }
    static void Merge3(int a[],int low,int mid1,int mid2,int high)
    //a[low..mid1]、a[mid1+1..mid2]和 a[mid2+1..high]三路归并为有序段 a[low..high] {
        int i=low,j=mid1+1,k=mid2+1,mink,n=0;
        int[] b=new int[high-low+1];
        int[] x=new int[3];
        x[0]=(i<=mid1?a[i]:INF);                    //i 扫描第 0 段,扫描完毕 x[0]取值∞
        x[1]=(j<=mid2?a[j]:INF);                    //j 扫描第 1 段,扫描完毕 x[1]取值∞
        x[2]=(k<=high?a[k]:INF);                    //k 扫描第 2 段,扫描完毕 x[2]取值∞
        while(true) {
```

```
            mink=Min3(x);
            if(mink==-1) break;                      //3个有序段都扫描完毕,退出归并过程
            switch(mink) {
                case 0: b[n]=a[i];n++;i++;
                        x[0]=(i<=mid1?a[i]:INF);     //i扫描第0段,扫描完毕 x[0]取值∞
                        break;
                case 1: b[n]=a[j];n++;j++;
                        x[1]=(j<=mid2?a[j]:INF);     //j扫描第1段,扫描完毕 x[1]取值∞
                        break;
                case 2: b[n]=a[k];n++;k++;
                        x[2]=(k<=high?a[k]:INF);     //k扫描第2段,扫描完毕 x[2]取值∞
                        break;
            }
        }
        for(k=0,i=low;i<=high;k++,i++)               //将 R1 复制回 R 中
            a[i]=b[k];
    }
    static void MergeSort3(int a[],int i,int j) {    //三路归并排序递归算法
        int m,m1,m2;
        if(i<j) {
            m=(j-i+1)/3;
            m1=i+m; m2=i+2*m;
            MergeSort3(a,i,m1);                      //第0段(a[i..m1])排序
            System.out.printf(" 排序 a[%d..%d]: ",i,m1); disp(a,i,m1);
            MergeSort3(a,m1+1,m2);                   //第1段(a[m1+1..m2])排序
            System.out.printf(" 排序 a[%d..%d]: ",m1+1,m2); disp(a,m1+1,m2);
            MergeSort3(a,m2+1,j);                    //第2段(a[m2+1..j])排序
            System.out.printf(" 排序 a[%d..%d]: ",m2+1,j); disp(a,m2+1,j);
            Merge3(a,i,m1,m2,j);                     //合并3个段
            System.out.printf(" 合并 a[%d..%d]:",i,j); disp(a,i,j);
        }
    }
    static void MergeSort(int a[],int n) {           //三路归并排序算法
        MergeSort3(a,0,n-1);
    }
    public static void main(String[] args) {
        int a[]={10,9,8,7,6,5,4,3,2,1};
        int n=a.length;
        System.out.printf("\n 初始数序: "); disp(a,0,n-1);
        MergeSort(a,n);
    }
}
```

上述程序的执行结果如图 2.43 所示。

3. **含负数的整数序列的基数排序。** 假设有一个含 $n(n<100)$ 个整数的序列 a, 每个元素的值均为 3 位整数, 其中存在负数。设计一个算法采用基数排序方法实现该序列的递增排序, 并用相关数据进行测试。

解： 先将数组 $a[0..n-1]$ 的元素分为 $a_1[0..n_1-1]$ 和 $a_2[0..n_2-1]$, 前者为负数的绝对值, 后者为正数, 将 a_1 和 a_2 分别采用基数递增排序得到 s_1 和 s_2 (基数 $r=10$, 位数 $d=3$), 将 s_1 中的单链表逆置并恢复为负整数, 依次输出 s_1 的结果和 s_2 的结果。

对应的程序如下:

```
初始数序: 10 9 8 7 6 5 4 3 2 1
排序a[0..0]:    10
排序a[1..0]:
排序a[1..1]:     9
  合并a[0..1]:   9 10
排序a[0..1]:     9 10
排序a[2..2]:     8
排序a[3..3]:     7
  合并a[0..3]:   7 8 9 10
排序a[0..3]:     7 8 9 10
排序a[4..4]:     6
排序a[5..4]:
排序a[5..5]:     5
  合并a[4..5]:   5 6
排序a[4..5]:     5 6
排序a[6..6]:     4
排序a[7..6]:
  合并a[4..6]:   4 5 6
排序a[4..6]:     4 5 6
排序a[7..7]:
排序a[8..8]:
排序a[8..8]:     2
  合并a[7..8]:   2 3
排序a[7..8]:     2 3
排序a[9..9]:     1
排序a[10..9]:
  合并a[7..9]:   1 2 3
排序a[7..9]:     1 2 3
  合并a[0..9]:   1 2 3 4 5 6 7 8 9 10
```

图 2.43 第 10 章实验题 2 的执行结果

```
class LinkNode {                                  //单链表结点类型
    int key;                                      //存放关键字
    LinkNode next;                                //下一个结点指针
    public LinkNode(int d) {                      //构造方法
        key=d;
        next=null;
    }
}
class RadixSortClass {                            //基数排序类
    LinkNode h=null;                              //单链表的首结点
    public void CreateList(int[] a,int n) {       //由关键字序列 a 构造单链表
        LinkNode s,t;
        h=new LinkNode(a[0]);                     //创建首结点
        t=h;
        for(int i=1;i<n;i++) {
            s=new LinkNode(a[i]);
            t.next=s; t=s;
        }
        t.next=null;
    }
    public void Disp() {                          //输出单链表
        LinkNode p=h;
        while(p!=null) {
            System.out.printf("%5d",p.key);
            p=p.next;
        }
        System.out.println();
    }
    private int geti(int key,int r,int i) {       //求基数为 r 的正整数 key 的第 i 位
        int k=0;
        for(int j=0;j<=i;j++) {
            k=key%r;
            key=key/r;
        }
        return k;
```

```java
    }
    public void RadixSort(int d,int r) {           //最低位优先基数排序算法
        LinkNode p,t=null;
        LinkNode[] head=new LinkNode[r];           //建立链队头数组
        LinkNode[] tail=new LinkNode[r];           //建立链队尾数组
        for(int i=0;i<d;i++) {                     //从低位到高位循环
            for(int j=0;j<r;j++)                   //初始化各链队的首、尾指针
                head[j]=tail[j]=null;
            p=h;
            while(p!=null) {                       //分配:对于原链表中的每个结点循环
                int k=geti(p.key,r,i);             //提取结点关键字的第 i 个位 k
                if(head[k]==null) {                //第 k 个链队空时队头、队尾均指向 p 结点
                    head[k]=p;
                    tail[k]=p;
                }
                else {                             //第 k 个链队非空时 p 结点进队
                    tail[k].next=p;
                    tail[k]=p;
                }
                p=p.next;                          //取下一个结点
            }
            h=null;                                //重新用 h 来收集所有结点
            for(int j=0;j<r;j++) {                 //收集:对于每一个链队循环
                if(head[j]!=null) {
                    if(h==null) {                  //若第 j 个链队是第一个非空链队
                        h=head[j];
                        t=tail[j];
                    }
                    else {                         //若第 j 个链队是其他非空链队
                        t.next=head[j];
                        t=tail[j];
                    }
                }
            }
            t.next=null;                           //尾结点的 next 域置空
        }
    }
    public void Reverse() {                        //恢复负整数的顺序
        LinkNode p=h,q;
        h=null;
        while(p!=null) {
            p.key=-p.key;
            q=p.next;
            p.next=h;
            h=p;
            p=q;
        }
    }
}
public class Exp3 {
    public static void main(String[] args) {
        int[] a={123,-123,128,256,-128,0,-512,512,365,-365,-100};
        RadixSortClass s1=new RadixSortClass();
```

```
        RadixSortClass s2=new RadixSortClass();
        System.out.printf("\n 初始序列: ");
        for(int i=0;i<a.length;i++)
            System.out.printf("%5d",a[i]);
        System.out.println();
        int[] a1=new int[100];
        int[] a2=new int[100];
        int n1=0,n2=0;
        for(int i=0;i<a.length;i++) {              //由 a 划分为 a1 和 a2
            if(a[i]<0)
                a1[n1++]=-a[i];
            else
                a2[n2++]=a[i];
        }
        s1.CreateList(a1,n1);
        s1.RadixSort(3,10);                         //负整数递增排序
        s1.Reverse();                               //逆序并恢复负整数
        System.out.print(" 负整数排序结果:"); s1.Disp();
        s2.CreateList(a2,n2);
        s2.RadixSort(3,10);                         //正整数递增排序
        System.out.print(" 正整数排序结果:"); s2.Disp();
    }
}
```

上述程序的执行结果如图 2.44 所示。

图 2.44 第 10 章实验题 3 的执行结果

说明：也可以对 a1 数组按基数递减排序(只需要改为按 9 到 0 的顺序收集各队列即可)，再将所有元素加上负号后输出。

4. 求平均数问题。在演讲比赛中，当参赛者完成演讲时评委将对他的表演进行评分。工作人员删除最高分和最低分，并计算其余的平均分作为参赛者的最终成绩。这是一个容易出问题的问题，因为通常只有几名评委。考虑上面问题的一般形式，给定 n 个正整数，删除最大的 n_1 个和最少的 n_2 个，并计算其余的平均值。

输入格式：输入包含几个测试用例。每个测试用例包含两行，第一行包含由单个空格分隔的 3 个整数 n_1，n_2 和 $n(1 \leq n_1, n_2 \leq 10, n_1+n_2 < n \leq 5\,000\,000)$；第二行包含由单个空格分隔的 n 个正整数 $a_i(1 \leq a_i \leq 10^8, 1 \leq i \leq n)$。最后一个测试用例后跟 3 个 0。

输出格式：对于每个测试用例，在一行中输出平均分，四舍五入到小数点后 6 位数。

输入样例：

```
1 2 5                                              //n1=1,n2=2,n=5
1 2 3 4 5
4 2 10
2121187 902 485 531 843 582 652 926 220 155
0 0 0
```

输出样例：

3.500000
562.500000

解：对于输入的整数序列，用 sum 累计所有整数之和，采用小根堆找到最大的 n_1 个整数，采用大根堆找到最小的 n_2 个整数，再出队两个堆中的所有整数，从 sum 中减去，最后输出 $sum/(n-n_1-n_2)$ 的结果。对应的程序如下：

```java
import java.util.Scanner;
import java.util.*;
public class Exp4 {
    public static void main(String[] args) {
        Scanner fin=new Scanner(System.in);
        int n1,n2,n;
        while(fin.hasNext()) {
            n1=fin.nextInt();
            n2=fin.nextInt();
            n=fin.nextInt();
            if(n1==0 && n2==0 && n==0) break;
            PriorityQueue<Long> small=new PriorityQueue<Long>();            //小根堆
            PriorityQueue<Long> big=new PriorityQueue<Long>(11,new Comparator<Long>() {
                @Override
                public int compare(Long o1,Long o2) {                       //大根堆
                    return(int)(o2-o1);
                }
            });
            long sum=0,a;
            int smallcnt=0,bigcnt=0;
            for(int i=1;i<=n;i++) {
                a=fin.nextLong();
                sum+=a;                                                     //sum 累计所有分数值
                if(smallcnt<n1) {                                           //最大的 n1 个分数进 small
                    smallcnt++;
                    small.offer(a);
                }
                else if(a>small.peek()) {
                    small.poll();
                    small.offer(a);
                }
                if(bigcnt<n2) {                                             //最小的 n2 个分数进 big
                    bigcnt++;
                    big.offer(a);
                }
                else if(a<big.peek()) {
                    big.poll();
                    big.offer(a);
                }
            }
            while(!big.isEmpty()) {                                         //从 sum 中减去 big 中的分数
                long x=big.poll();
                sum-=x;
            }
            while(!small.isEmpty()) {                                       //从 sum 中减去 small 中的分数
```

```
            long x=small.poll();
            sum-=x;
        }
        System.out.printf("%.6f\n",(sum*1.0)/(n-n1-n2));
    }
}
```

编译上述程序得到 OJ4.class 文件,用 abc.txt 文本文件存放样例数据,程序的执行结果如图 2.45 所示。

图 2.45 第 10 章实验题 4 的执行结果

第3章 在线编程题参考答案

3.1 第1章 绪论

1. POJ1004——财务管理问题

时间限制：1000ms；空间限制：10 000KB。

问题描述：拉里今年毕业，终于找到了工作。他赚了很多钱，但似乎还没有足够的钱，拉里决定抓住金融投资机会解决他的财务问题。拉里有自己的银行账户报表，他想看看自己有多少钱。请编写一个程序，帮助拉里从过去12个月的每一月中取出他的期末账户余额并计算他的平均账户余额。

输入格式：输入为12行，每行包含特定月份的银行账户的期末余额，每个数字都是正数并到便士为止，不包括美元符号。

输出格式：输出一个数字，即12个月的期末账户余额的平均值，它将四舍五入到最近的便士，紧接着是美元符号，然后是行尾。在输出中不会有其他空格或字符。

输入样例：

```
100.00
489.12
12454.12
1234.10
823.05
109.20
5.27
1542.25
839.18
83.99
1295.01
1.75
```

输出样例：

```
$1581.42
```

解：读取每个月份的期末账户余额 temp，累加到 sum 中，输出 sum/12 的结果。对应的 AC 程序如下：

```java
import java.util.Scanner;
public class Main {
    public static void main(String[] args) {
        Scanner fin=new Scanner(System.in);
        double temp=0.00,sum=0.00;
        int iMax=12;
        while(iMax-->0) {
            temp=fin.nextDouble();
            sum += temp;
        }
        System.out.printf("$ %.2f\n",sum/12);
    }
}
```

上述程序的执行时间为188ms，执行空间为3228KB。

2. HDU2012——素数判定问题

时间限制：2000ms；空间限制：65 536KB。

问题描述：对于表达式 n^2+n+41，当 n 在 (x,y) 范围内取整数值时(包括 x、y，$-39 \leqslant x < y \leqslant 50$)判定该表达式的值是否都为素数。

输入格式：输入数据有多组，每组占一行，由两个整数 x、y 组成，当 $x=0$、$y=0$ 时表示输入结束，该行不做处理。

输出格式：对于每个给定范围内的取值，如果表达式的值都为素数，输出"OK"，否则输出"Sorry"，每组输出占一行。

输入样例：

```
0 1
0 0
```

输出样例：

```
OK
```

解：对于整数 num，若它能够整除 2～sqrt(num)中的任何整数，则不是素数，否则为素数。对应的 AC 程序如下：

```java
import java.util.Scanner;
public class Main {
    public static void main(String[] args) {
        Scanner in = new Scanner(System.in);
        while(in.hasNextInt()) {
            int x = in.nextInt();
            int y = in.nextInt();
            boolean flag = true;
```

```java
            int number = 0;
            int num = 0;
            if(x==0 && y= 0)
                break;
            else {
                if(x > y) {
                    int temp = x;
                    x = y;
                    y = temp;
                }
                for(int i = x; i <= y; i++) {
                    num=i*i+i+41;
                    for(int j = 2; j <= Math.sqrt(num); j++) {     //素数判断
                        if(num % j == 0)
                            flag = false;
                    }
                }
                if(flag == true)
                    System.out.println("OK");
                else
                    System.out.println("Sorry");
                flag = true;
            }
        }
    }
}
```

上述程序的执行时间为 296ms,执行空间为 9312KB。

提示：在本书所有在线编程题中,POJ 题目的限制时间和空间是针对 C/C++程序的,通常 Java 程序的时间和空间是其 2 倍,HDU 题目的限制时间和空间就是针对 Java 程序的。

3.2 第 2 章 线性表

1. HDU2019——数列有序问题

时间限制：2000ms；空间限制：65 536KB。

问题描述：有 $n(n\leqslant100)$ 个整数,已经按照从小到大的顺序排列好,现在另外给一个整数 m,请将该数插入序列中,并使新的序列仍然有序。

输入格式：输入数据包含多个测试实例,每组数据由两行组成,第一行是 n 和 m,第二行是已经有序的 n 个数的数列。n 和 m 同时为 0 表示输入数据结束,本行不做处理。

输出格式：对于每个测试实例,输出插入新的元素后的数列。

输入样例：

```
3 3
1 2 4
0 0
```

输出样例：

1 2 3 4

解：对于每个测试实例，n 个有序整数采用顺序表存放，为了简单，这里顺序表直接用数组 a 表示。先查找插入 m 的位置 i，将 $a[i..n-1]$ 的所有元素均后移一个位置，置 $a[i]=m$。对应的 AC 程序如下：

```java
import java.util.*;
public class Main {
    public static void main(String args[]) {
        Scanner cin=new Scanner(System.in);
        while(cin.hasNext()) {                    //读取每个测试实例
            int n=cin.nextInt();                  //读取 n
            int m=cin.nextInt();                  //读取 m
            if(n==0 && m==0)                      //结束
                break;
            else {
                int a[]=new int[105];             //最多 100 个整数
                for(int i=0;i<n;i++)              //读取递增有序整数序列
                    a[i]=cin.nextInt();
                if(m>a[n-1])                      //m 最大,插入末尾
                    a[n]=m;
                else {
                    for(int i=0;i<n;i++) {        //查找第一个大于或等于 m 的元素 a[i]
                        if(m<a[i]) {
                            int j=i;
                            for(i=n;i>j;i--)      //将 a[i..n-1]后移一个位置
                                a[i]=a[i-1];
                            a[i]=m;               //插入 a[i]
                            break;                //退出查找
                        }
                    }
                }
                for(int i=0;i<=n;i++) {           //输出新序列
                    if(i==0)
                        System.out.print(a[i]);
                    else
                        System.out.print(" "+a[i]);
                }
                System.out.println();
            }
        }
    }
}
```

上述程序的执行时间为 265ms，执行空间为 9412KB。

2. HDU1443——Joseph(约瑟夫)问题

时间限制：2000ms；空间限制：65 536KB。

问题描述：Joseph 问题是众所周知的。有 n 个人，编号为 $1,2,\cdots,n$，站在一个圆圈中，每隔 m 个人就杀一个人，最后仅剩下一个人。Joseph 很聪明，可以选择最后一个人的位置，

从而挽救他的生命。例如,当 $n=6$ 且 $m=5$ 时,按顺序出列的人员是 5,4,6,2,3,1,那么 1 会活下来。

假设在圈子里前面恰好有 k 个好人,后面恰好有 k 个坏人,则必须确定所有坏人都在第一个好人前面被杀的最小 m。

输入格式:输入文件中包含若干行,每行一个 k,最后一行为 0,可以假设 $0<k<14$。

输出格式:输出文件中每行给出输入文件中的 k 对应的最小 m。

输入样例:

```
3
4
0
```

输出样例:

```
5
30
```

解:题目中有多个测试实例,每个测试实例的结果仅仅与 k 有关系,设计避免重复计算的数组 a,$a[k]$ 记录 k 问题的 m 值,a 数组的所有元素初始为 0,当 $a[k]$ 不为 0 时说明该 k 问题已经求出,直接返回 $a[k]$ 即可。

对于每个 k 问题,假设 $2k$ 个人的序号是 $0\sim 2k-1$,显然 m 从 $k+1$ 开始枚举(因为每次从头开始,若 $m<k+1$,则第一个被杀的一定是好人)。对于每个 m:

(1) cnt 表示剩余人数,所以 cnt 从 $2k$ 开始到 $k+1$ 循环,p 从 0 开始找被杀的人员的序号,每杀一个人,cnt 减少 1。

(2) 若被杀人员的序号 p 满足 $p<k$(前 k 个好人的序号为 $0\sim k-1$),说明 p 对应的是好人,置 cnt=0 结束该 m 值的枚举。

(3) 若 cnt==k,则说明剩下 k 个人,并且被杀的 k 个人都是坏人,则找到这样的 m,置 $a[k]=m$,返回 m。

对应的 AC 程序如下:

```java
import java.util. * ;
public class Main {
    static int[] ans=new int[15];           //记录k问题的m值,初始时均为0
    public static int Joseph(int k) {       //求解Joseph问题
        int cnt,p;
        if(ans[k]!=0) return ans[k];        //若已经求出,直接返回
        for(int m=k+1;;m++) {                //m从k+1开始试探
            for(cnt=2*k,p=0;cnt>k;cnt--) {   //检查是否满足要求
                p=(p+m-1) % cnt;             //被杀掉的人的位置
                if(p<k) cnt=0;               //被杀掉的人是前k个(好人)
            }
            if(cnt==k) {                     //所有坏人都被杀了,满足要求
                ans[k]=m;
                return m;
            }
        }
```

```
    public static void main(String args[]) {
        Scanner cin=new Scanner(System.in);
        while(cin.hasNext()) {
            int k=cin.nextInt();
            if(k==0) break;
            System.out.println(Joseph(k));
        }
    }
}
```

上述程序的执行时间为577ms,执行空间为10 388KB。

3. POJ2389——公牛数学问题

时间限制:1000ms;空间限制:65 536KB。

问题描述:公牛在数学上比奶牛好多了,它们可以将巨大的整数相乘,得到完全精确的答案。农夫约翰想知道它们的答案是否正确,请帮助他检查公牛队的答案。读入两个正整数(每个不超过40位)并计算其结果,以常规方式输出(没有额外的前导零)。约翰要求不使用特殊的库函数进行乘法。

输入格式:输入两行,每行包含一个十进制数。

输出格式:输出一行表示乘积。

输入样例:

```
11111111111111
1111111111
```

输出样例:

```
12345679011110987654321
```

解:两个长度最多为40位的正整数采用String对象s1、s2表示。设置a、b两个整数数组(初始时所有元素为0),将s1的各位存放在a中(s1的最后位存放在$a[0]$中),将s2的各位存放在b中(s2的最后位存放在$b[0]$中)。

实现a与b相乘的过程是用c数组的$c[i+j]$元素存放$a[i]$和$b[j]$相乘的累加值,然后调整有进位的元素,反向输出得到最后结果。

对应的AC程序如下:

```
import java.lang.*;
import java.util.*;
public class Main {
    public static String mult(String s1,String s2) {    //两个数字字符串相乘
        int[] a=new int[42];
        int[] b=new int[42];
        int[] c=new int[90];
        int i,j;
        int m=s1.length();
        int n=s2.length();
        for(i=0;i<m; i++)                               //a[0]存放s1的最低位
```

```java
            a[i]=s1.charAt(m-1-i)-'0';
        for(i=0;i<n;i++)                             //b[0]存放s2的最低位
            b[i]=s2.charAt(n-1-i)-'0';
        for(i=0;i<m;i++) {
            for(j=0; j<n; j++)
                c[i+j] += a[i] * b[j];
        }
        for(i=0;i<80;i++) {
            if(c[i] >= 10) {                         //有进位
                c[i+1] += c[i]/10;
                c[i] %= 10;
            }
        }
        String ans="";
        for(i=c.length-1;i>=0; i--)                  //删除前导零
            if(c[i]!=0) break;
        for(;i>=0; i--)
            ans += c[i];
        return ans;
    }
    public static void main(String[] args) {
        Scanner cin = new Scanner(System.in);
        String s1,s2;
        s1=cin.nextLine();
        s2=cin.nextLine();
        String s3=mult(s1,s2);
        System.out.println(s3);
    }
}
```

上述程序的执行时间为1266ms,空间为2964KB。实际上,本题目可以直接使用Java的长整数类型来实现,对应的AC程序如下:

```java
import java.math.BigInteger;
import java.util.Scanner;
public class Main {
    public static void main(String[] args) {
        Scanner cin=new Scanner(System.in);
        BigInteger a=cin.nextBigInteger();
        BigInteger b=cin.nextBigInteger();
        a=a.multiply(b);
        System.out.println(a);
    }
}
```

上述程序的执行时间为1375ms,执行空间为3036KB。

说明:尽管在线性表部分中讨论了多种存储结构,但在实际在线编程中,为了简单和提高效率往往直接采用数组代替顺序表,相反链表较少使用,其原因之一是在这类题目中都确定了数据量的大小,适合采用顺序结构,另外链表由于结点地址不连续,内存寻址空间较大,导致存取效率较低。

3.3 第 3 章 栈和队列

1. HDU1237——简单计算器

时间限制：2000ms；空间限制：65 536KB。

问题描述：读入一个只包含＋、－、＊、/的非负整数计算的表达式，计算该表达式的值。

输入格式：测试输入包含若干测试用例，每个测试用例占一行，每行不超过 200 个字符，整数和运算符之间用一个空格分隔；没有非法表达式；当一行中只有 0 时输入结束，相应的结果不要输出。

输出格式：对每个测试用例输出一行，即该表达式的值，精确到小数点后两位。

输入样例：

```
1 + 2
4 + 2 * 5 - 7 / 11
0
```

输出样例：

```
3.00
13.36
```

解：与《教程》中 3.1.7 节"用栈求解简单表达式求值问题"的原理相同，由于这里不包括括号，所以更简单一些，将求表达式值的两个步骤合并起来。

设计运算数栈为 opand，运算符栈为 oper。先将输入行 str 拆分为 strs 字符串数组，用 i 遍历 strs：

(1) 若 strs[i]为"＊"或者"/"，为最高优先级，将 oper 栈顶为"＊"或者"/"的运算符先计算，再将 strs[i]进 oper 栈。

(2) 若 strs[i]为"＋"或者"－"，为最低优先级，将 oper 栈中所有的运算符先计算，再将 strs[i]进 oper 栈。

(3) 其他为运算数，将其进 opand 栈。

最后输出 opand 的栈顶数值。

对应的 AC 程序如下：

```java
import java.util.*;
import java.util.Scanner;
public class Main {
    static Stack<Double> opand=new Stack<Double>();        //运算数栈
    static Stack<String> oper=new Stack<String>();          //运算符栈
    public static boolean Same(String s1,String s2) {       //比较两个字符串值是否相同
        return s1.compareTo(s2)==0;
    }
    public static void comp(String op) {                    //用于一个运算符的计算
        double a=opand.pop();                               //从 opand 中出栈两个数 a 和 b
```

```java
            double b=opand.pop();
            double c=0.0;
            if(Same(op,"+"))                                    //op 为"+"
                c=b+a;
            else if(Same(op,"-"))                               //op 为"-"
                c=b-a;
            else if(Same(op,"*"))                               //op 为"*"
                c=b*a;
            else if(Same(op,"/"))                               //op 为"/"
                c=b/a;
            opand.push(c);                                      //结果进 opand 栈
    }
    public static void main(String[] args) {
        Scanner fin=new Scanner(System.in);
        while(fin.hasNext()) {
            String str=fin.nextLine();                          //接收输入的字符串
            if(str.compareTo("0")==0) break;                    //若是只输入 0,则结束
            opand.clear();
            oper.clear();
            String[] strs=str.split(" ");                       //根据题目要求分割字符串
            String op;
            double a,b,c;
            int i=0;
            while(i<strs.length) {                              //遍历 strs
                if(Same(strs[i],"*") || Same(strs[i],"/")) {    //遇到*或者/
                    while(!oper.empty()) {
                        op=oper.peek();
                        if(Same(op,"*") || Same(op,"/")) {      //栈顶为*或者/,先计算
                            comp(op);
                            oper.pop();
                        }
                        else break;                             //其他+或者-
                    }
                    oper.push(strs[i]);                         //将 strs[i]进 oper 栈
                }
                else if(Same(strs[i],"+") || Same(strs[i],"-")) {   //遇到+或者-
                    while(!oper.empty()) {                      //计算 oper 栈中所有的运算符
                        op=oper.pop();
                        comp(op);
                    }
                    oper.push(strs[i]);                         //将 strs[i]进 oper 栈
                }
                else                                            //其他运算数进 opand 栈
                    opand.push(Double.parseDouble(strs[i]));
                i++;
            }
            while(!oper.empty()) {                              //计算 oper 栈中所有的运算符
                op=oper.pop();
                comp(op);
            }
            System.out.printf("%.2f", opand.peek());
            System.out.println();
        }
    }
}
```

上述程序的执行时间为452ms,执行空间为13 620KB。

说明：类似的题目有POJ3295。

2. POJ1363——铁轨问题

时间限制：1000ms；空间限制：65 536KB。

问题描述：A市有一个著名的火车站,那里的山非常多。该站建于20世纪,不幸的是该火车站是一个死胡同,并且只有一条铁轨,如图3.1所示。

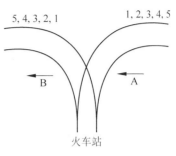

图3.1 铁轨问题示意图

当地的传统是从A方向到达的每列火车都继续沿B方向行驶,需要以某种方式进行车厢重组。假设从A方向到达的火车有$n(n \leqslant 1000)$个车厢,按照递增的顺序1,2,…,n编号。火车站负责人必须知道是否可以通过重组得到B方向的车厢序列。

输入格式：输入由若干行块组成；除了最后一个之外,每个块描述了一个列车以及可能更多的车厢重组要求；在每个块的第一行中为上述的整数n,下一行是1,2,…,n的车厢重组序列；每个块的最后一行仅包含0；最后一个块只包含一行0。

输出格式：输出包含与输入中具有车厢重组序列对应的行。如果可以得到车厢对应的重组序列,输出一行"Yes",否则输出一行"No"。此外,在输入的每个块之后有一个空行。

输入样例：

```
5
1 2 3 4 5
5 4 1 2 3
0
6
6 5 4 3 2 1
0
0
```

输出样例：

```
Yes
No

Yes
```

解：简单地说,本题目就是给出一个n和1~n的若干排列,是否可以将1~n作为一个进栈序列通过一个栈得到b序列。采用与《教程》中的例3.6完全相同的求解思路,仅仅将栈改为用Java的Stack容器表示。对应的AC程序如下：

```
import java.util.*;
import java.util.Scanner;
public class Main {
    static boolean flag=false;
    public static boolean isSerial(int[] b,int n) {
```

//输出换行符标志
//求解算法

```java
    int i,j;
    Stack<Integer> st=new Stack<Integer>();      //建立一个栈
    i=1; j=0;
    while(i<=n && j<n) {                          //1到n没有遍历完
        if(st.empty() || (st.peek()!=b[j])) {     //栈空或者栈顶元素不是b[j]
            st.push(i);                            //i进栈
            i++;
        }
        else {                                     //否则出栈
            e=st.pop();
            j++;
        }
    }
    while(!st.empty() && st.peek()==b[j]) {        //将栈中与b序列相同的元素出栈
        st.pop();
        j++;
    }
    if(j==n) return true;                          //是出栈序列时返回true
    else return false;                             //不是出栈序列时返回false
}
public static boolean isSerial1(int[] b,int n) {   //简化算法
    int i,j;
    Stack<Integer> st=new Stack<Integer>();        //建立一个顺序栈
    i=1; j=0;
    while(i<=n) {                                   //a没有遍历完
        st.push(i);
        i++;
        while(!st.empty() && st.peek()==b[j]) {    //b[j]与栈顶匹配的情况
            st.pop();
            j++;
        }
    }
    return st.empty();                              //栈空返回true,否则返回false
}
public static void main(String[] args) {
    Scanner fin = new Scanner(System.in);
    int n;
    int[] b = new int[1005];
    while(fin.hasNext()) {
        n=fin.nextInt();                            //接收整数n
        if(n==0) break;                             //若n=0则结束
        if(flag) System.out.println();
        while(fin.hasNext()) {                      //接收一个块
            b[0]=fin.nextInt();                     //接收一个块的第一个整数
            if(b[0]==0) break;                      //第一个整数为0,该块结束
            for(int i=1;i<n;i++)                    //接收该块的其他整数
                b[i]=fin.nextInt();
            if(isSerial(b,n))                       //可改为简化算法isSerial(b,n)
                System.out.println("Yes");
            else
                System.out.println("No");
        }
        flag=true;
    }
}
}
```

上述程序的执行时间为1125ms,执行空间为5888KB。

3. HDU1702——ACboy请求帮助问题

时间限制:1000ms;空间限制:32 768KB。

问题描述:ACboy被怪物绑架了！他非常想念母亲并且十分恐慌。ACboy待的房间非常黑暗,他非常可怜。作为一个聪明的ACMer,你想让ACboy从怪物的迷宫中走出来。但是当你到达迷宫的大门时,怪物说:"我听说你很聪明,但如果不能解决我的问题,你会和ACboy一起死。"

墙上显示了怪物的问题:每个问题的第一行是一个整数 N（命令数）和一个单词"FIFO"或"FILO"(你很高兴,因为你知道"FIFO"代表"先进先出","FILO"的意思是"先进后出")。以下 N 行,每行是"IN M"或"OUT"（M 代表一个整数)。问题的答案是门的密码,所以如果你想拯救ACboy,请仔细回答问题。

输入格式:输入包含多个测试用例。第一行有一个整数,表示测试用例的数量,并且每个子问题的输入像前面描述的方式。

输出格式:对于每个命令"OUT",应根据单词是"FIFO"还是"FILO"输出一个整数,如果没有任何整数,则输出单词"None"。

输入样例:

```
4
4 FIFO
IN 1
IN 2
OUT
OUT
4 FILO
IN 1
IN 2
OUT
OUT
5 FIFO
IN 1
IN 2
OUT
OUT
OUT
5 FILO
IN 1
IN 2
OUT
IN 3
OUT
```

输出样例:

```
1
2
2
1
```

```
1
2
None
2
3
```

解：本题是基本的栈和队列操作题。对于 FIFO 类型，用队列模拟；对于 FILO 类型，用栈模拟。对应的 AC 程序如下：

```java
import java.io.*;
import java.util.*;
public class Main {
    public static boolean Same(String s1,String s2) {        //比较两个字符串的值是否相同
        return s1.compareTo(s2)==0;
    }
    public static void main(String[] args) throws IOException {
        Scanner fin=new Scanner(System.in);
        Queue<Integer> qu=new LinkedList<Integer>();
        Stack<Integer> st=new Stack<Integer>();
        int T,n,num;
        String mode,op;
        T=fin.nextInt();
        while(T-->0) {                                        //处理 T 个测试用例
            qu.clear();                                       //队列清空
            st.clear();                                       //栈清空
            n=fin.nextInt();                                  //读取 n
            mode=fin.next();                                  //读取类型
            if(Same(mode,"FIFO")) {                           //FIFO 类型
                for(int i=0;i<n;i++) {
                    op=fin.next();                            //读取命令
                    if(Same(op,"IN")) {                       //IN 命令
                        num=fin.nextInt();                    //读取 num
                        qu.offer(num);                        //进队 qu
                    }
                    else {                                    //OUT 命令
                        if(qu.isEmpty())                      //队 qu 空
                            System.out.println("None");
                        else                                  //不空时出队并且输出
                            System.out.println(qu.poll());
                    }
                }
            }
            else {                                            //FILO 类型
                for(int i=0;i<n;i++) {
                    op=fin.next();                            //读取命令
                    if(Same(op,"IN")) {                       //IN 命令
                        num=fin.nextInt();                    //读取 num
                        st.push(num);                         //进栈 st
                    }
                    else {                                    //OUT 命令
                        if(st.empty())                        //栈 st 空
                            System.out.println("None");
```

```
                    else                    //不空时出栈并且输出
                        System.out.println(st.pop());
                }
            }
        }
    }
}
```

上述程序的执行时间为312ms,执行空间为13 264KB。

4. POJ2259——团队队列问题

时间限制:2000ms;空间限制:65 536KB。

问题描述:队列和优先级队列是大多数计算机科学家都知道的数据结构,然而团队队列(team queue)并不那么出名,尽管它经常出现在人们的日常生活中。在团队队列中,每个队员都属于一个团队,如果一个队员进入队列,他首先从头到尾搜索队列,以检查其队友(同一团队的队员)是否已经在队列中,如果在,他就会进到该队列的后面;如果不在,他进入当前尾部的队列并成为该队列的一个队员(运气不好)。和在普通队列中一样,队员按照他们在队列中出现的顺序从头到尾进行处理。

请编写一个模拟此团队队列的程序。

输入格式:输入将包含一个或多个测试用例。每个测试用例以团队数量 $t(1 \leqslant t \leqslant 1000)$ 开始,然后是团队描述,每个团队描述由该团队的队员数和队员本身组成,每个队员是一个 $0 \sim 999\,999$ 的整数,一个团队最多可包含 1000 个队员,最后是一个命令列表,有以下 3 种不同的命令。

ENQUEUE x:将队员 x 进入团队队列。

DEQUEUE:处理第一个元素并将其从队列中删除。

STOP:测试用例结束。

当输入的 t 为 0 时终止。注意,测试用例最多可包含 200 000 个命令,因此团队队列的实现应该是高效的,即队员进队和出队应该只占常量时间。

输出格式:对于每个测试用例,首先输出一行"Scenario #k",其中 k 是测试用例的编号,然后对于每个 DEQUEUE 命令,输出一行指出出队的队员。在每个测试用例后输出一个空行,包括最后一个测试用例。

输入样例:

```
2
3 101 102 103
3 201 202 203
ENQUEUE 101
ENQUEUE 201
ENQUEUE 102
ENQUEUE 202
ENQUEUE 103
ENQUEUE 203
DEQUEUE
```

```
DEQUEUE
DEQUEUE
DEQUEUE
DEQUEUE
DEQUEUE
STOP
2
5 259001 259002 259003 259004 259005
6 260001 260002 260003 260004 260005 260006
ENQUEUE 259001
ENQUEUE 260001
ENQUEUE 259002
ENQUEUE 259003
ENQUEUE 259004
ENQUEUE 259005
DEQUEUE
DEQUEUE
ENQUEUE 260002
ENQUEUE 260003
DEQUEUE
DEQUEUE
DEQUEUE
DEQUEUE
STOP
0
```

输出样例:

```
Scenario #1
101
102
103
201
202
203

Scenario #2
259001
259002
259003
259004
259005
260001
```

解：对于一个测试用例，先输入 T 个团队，每个团队按 $1,2,\cdots,T$ 的顺序编号，称为团队编号，每个团队有 n 个队员，每个队员有唯一编号 num，每个团队的所有队员的团队编号是相同的，由于队员进队是按照普通队列的方式查找的，所以每个团队设置一个队列，用 team[1005]（团队最多 1000 个）构成一个队列数组，下标与团队编号一致。

由于目前 Java 中的数组不支持泛型，所以自己设计一个元素类型为 int 的循环队列类 QUEUE，定义 team 如下：

```
QUEUE[] team=new QUEUE[MAXN];              //各团队队列
for(int i=0;i<MAXN;i++)                    //建立各个团队编号队列
    team[i]=new QUEUE();
```

开始时每个队列为空。另外,每个团队的成员进队有一个先后次序,最先有成员进队的队列在前面,所以另外增加一个表示团队队列创建顺序的队列 qu,采用 Queue 接口表示:

```
Queue<Integer> qu=new LinkedList<Integer>();    //团队编号队列
```

在根据团队数据创建队列后,如何将队员与团队编号关联起来呢?设置一个映射数组:

```
int[] quno=new int[MAXM];                  //队员与队列号的映射表
```

这里,quno[num]=id 表示队员 num 的团队编号为 id。

在处理 ENQUEUE num 命令时,求出 id=quno[num],如果 team[id]不空,将其进入该队列;若 team[id]为空,将其作为第一个队员进入 team[id],由于是新建立的,同时将 id 进 qu 队列。

在处理 DEQUEUE 命令时,从 qu 出队最前面的团队队列编号 id,从 team[id]出队一个成员并输出,如果 team[id]变为空,还需要将 id 从 qu 队列出队。

对应的 AC 程序如下:

```java
import java.util.*;
import java.util.Scanner;
class QUEUE {                                   //循环队列类
    final int MaxSize=1001;
    int[] data;
    int front,rear;                             //队头、队尾指针
    public QUEUE() {                            //构造方法
        data=new int[MaxSize];
        front=0;
        rear=0;
    }
    public void init() {                        //初始化为空队
        front=0;
        rear=0;
    }
    public boolean empty() {                    //判断队列是否为空
        return front==rear;
    }
    public void push(int no) {                  //元素 no 进队
        if((rear+1)%MaxSize==front)             //队满
            throw new IllegalArgumentException("栈空");
        rear=(rear+1)%MaxSize;
        data[rear]=no;
    }
    public int pop() {                          //出队元素
        if(empty())                             //队空
            throw new IllegalArgumentException("栈空");
        front=(front+1)%MaxSize;
        return data[front];
```

```java
}
public class Main {
    public static boolean Same(String s1,String s2) {      //比较两个字符串的值是否相同
        return s1.compareTo(s2)==0;
    }
    public static void main(String[] args) {
        final int MAXN=1005;
        final int MAXM=1000000;
        int[] quno=new int[MAXM];                           //队员与队列号的映射表
        QUEUE[] team=new QUEUE[MAXN];                       //各团队队列
        for(int i=0;i<MAXN;i++)                             //建立各个团队编号队列
            team[i]=new QUEUE();
        Queue<Integer> qu=new LinkedList<Integer>();        //团队编号队列
        String op;
        int T,t=0,n,num,id;
        Scanner fin=new Scanner(System.in);
        while(true) {
            T=fin.nextInt();                                //读取团队个数
            if(T==0) break;                                 //为0时结束
            qu.clear();                                     //初始化为空队
            for(int i=1;i<=T;i++)
                team[i].init();
            for(int i=1;i<=T;i++) {                         //T个团队
                n=fin.nextInt();                            //每个团队的人数
                while(n-->0) {
                    num=fin.nextInt();                      //读取该团队的队员
                    quno[num]=i;                            //表示num队员属于i团队
                }
            }
            t++;                                            //测试用例编号增1
            System.out.println("Scenario #"+t);
            while(true) {                                   //开始处理本测试用例的命令
                op=fin.next();                              //输入一个命令
                if(Same(op,"STOP")) break;                  //STOP时退出
                if(Same(op,"ENQUEUE")) {                    //ENQUEUE命令
                    num=fin.nextInt();                      //输入进队的队员
                    id=quno[num];                           //取该队员的团队编号
                    if(team[id].empty()) {                  //若该队列为空(没有找到好友)
                        qu.offer(id);                       //将id进团队编号队列
                        team[id].push(num);                 //该队员进id编号的团队队列
                    }
                    else                                    //找到好友
                        team[id].push(num);                 //该队员进id编号的团队队列
                }
                else if(Same(op,"DEQUEUE")) {               //DEQUEUE命令
                    id=qu.peek();                           //取最前面的团队编号id
                    System.out.println(team[id].pop());
                    if(team[id].empty())                    //该团队空,从团队编号队列出队
                        qu.poll();
                }
            }
            System.out.println();
        }
    }
}
```

上述程序的执行时间为1250ms,执行空间为13 620KB。

5. POJ3984——迷宫问题

时间限制：1000ms；空间限制：65 536KB。

问题描述：定义一个二维数组如下。

```
int maze[5][5] = {
    0, 1, 0, 0, 0,
    0, 1, 0, 1, 0,
    0, 0, 0, 0, 0,
    0, 1, 1, 1, 0,
    0, 0, 0, 1, 0,
}
```

它表示一个迷宫,其中的1表示墙壁,0表示可以走的路。注意只能横着走或竖着走,不能斜着走,要求编程找出从左上角到右下角的最短路线。

输入格式：一个5×5的二维数组,表示一个迷宫。数据保证有唯一解。

输出格式：从左上角到右下角的最短路径,格式如样例所示。

输入样例：

```
0 1 0 0 0
0 1 0 1 0
0 0 0 0 0
0 1 1 1 0
0 0 0 1 0
```

输出样例：

```
(0, 0)
(1, 0)
(2, 0)
(2, 1)
(2, 2)
(2, 3)
(2, 4)
(3, 4)
(4, 4)
```

解：由于求的是最短路径,采用队列求迷宫问题的方法,与《教程》中3.2.7节的原理完全相同。在输出迷宫路径时,通过一个path数组将反向路径反向输出即得到正向路径。对应的AC程序如下：

```java
import java.io.*;
import java.util.*;
class Box {                                    //方块类
    int i;                                      //方块的行号
    int j;                                      //方块的列号
    Box pre;                                    //指向前驱方块
    public Box(int i1, int j1) {                //构造方法
        i=i1; j=j1; pre=null;
```

```java
    }
}
class MazeClass {                                    //用队列求解一条迷宫路径类
    final int MaxSize=6;
    int[][] mg;                                      //迷宫数组
    int m,n;                                         //迷宫行、列数
    Queue<Box> qu;                                   //队列
    public MazeClass(int m1,int n1) {                //构造方法
        m=m1;
        n=n1;
        mg=new int[MaxSize][MaxSize];
        qu=new LinkedList<Box>();                    //创建一个空队 qu
    }
    public void Setmg(int[][] a) {                   //设置迷宫数组
        for(int i=0;i<m;i++) {
            for(int j=0;j<n;j++)
                mg[i][j]=a[i][j];
        }
    }
    public void disppath(Box p) {                    //从 p 出发找一条迷宫路径
        Box[] path=new Box[20];
        int cnt=0;
        while(p!=null) {                             //找到入口为止
            path[cnt]=p;
            cnt++;
            p=p.pre;
        }
        for(int k=cnt-1;k>=0;k--)                    //反向输出构成正向路径
            System.out.println("("+path[k].i+", "+path[k].j+")");
    }
    boolean mgpath(int xi,int yi,int xe,int ye) {    //求(xi,yi)到(xe,ye)的一条迷宫路径
        int i,j,i1=0,j1=0;
        Box b,b1;
        b=new Box(xi,yi);                            //建立入口结点 b
        qu.offer(b);                                 //结点 b 进队
        mg[xi][yi]=-1;                               //进队方块 mg 的值置为-1
        while(!qu.isEmpty()) {                       //队不空时循环
            b=qu.poll();                             //出队一个方块 b
            if(b.i==xe && b.j==ye) {                 //找到了出口,输出路径
                disppath(b);                         //从 b 出发回推导出迷宫路径并输出
                return true;                         //找到一条路径时返回 true
            }
            i=b.i; j=b.j;
            for(int di=0;di<4;di++) {                //循环扫描每个方位,把每个可走的方块进队
                switch(di) {
                    case 0:i1=i-1; j1=j; break;
                    case 1:i1=i;j1=j+1; break;
                    case 2:i1=i+1; j1=j;break;
                    case 3:i1=i;j1=j-1; break;
                }
                if(i1>=0 && i1<m && j1>=0 && j1<n && mg[i1][j1]==0) {
                                                     //找到一个相邻可走方块(i1,j1)
                    b1=new Box(i1,j1);               //建立后继方块结点 b1
```

```
                b1.pre=b;                    //设置其前驱方块结点为 b
                qu.offer(b1);                //b1 结点进队
                mg[i1][j1]=-1;               //进队的方块置为-1
            }
        }
    }
    return false;                            //未找到任何路径时返回 false
    }
}
public class Main {
    public static void main(String[] args) {
        Scanner fin=new Scanner(System.in);
        MazeClass mz=new MazeClass(5,5);
        int[][] a=new int[5][5];
        for(int i=0;i<5;i++) {
            for(int j=0;j<5;j++)
                a[i][j]=fin.nextInt();
        }
        mz.Setmg(a);
        mz.mgpath(0,0,4,4);
    }
}
```

上述程序的执行时间为 125ms，执行空间为 2968KB。

6. POJ1028——Web 导航

时间限制：1000ms；空间限制：10 000KB。

问题描述：标准 Web 浏览器包含有在最近访问过的页面之间前后移动的功能。实现此功能的一种方法是使用两个栈来跟踪可以通过前后移动到达的页面。在此问题中，系统会要求编程实现此功能。

程序需要支持以下命令。

(1) BACK：将当前页面进入前向栈作为栈顶，从后向栈中出栈栈顶的页面，使其成为新的当前页面。如果后向栈为空，则忽略该命令。

(2) FORWARD：将当前页面进入后向栈作为栈顶，从前向栈中出栈栈顶的页面，使其成为新的当前页面。如果前向栈为空，则忽略该命令。

(3) VISIT：将当前页面进入后向栈作为栈顶，并将 URL 指定为新的当前页面。清空前向栈。

(4) QUIT：退出浏览器。

假设浏览器最初加载的页面的 URL 为"http://www.acm.org/"。

输入格式：输入是一系列命令；命令关键字 BACK、FORWARD、VISIT 和 QUIT 都是大写的；URL 中没有空格，最多包含 70 个字符；可以假设任何实例在任何时候每个栈中的元素不会超过 100；由 QUIT 命令指示输入结束。

输出格式：对于除了 QUIT 之外的每个命令，如果不忽略该命令，则在执行命令后打印当前页面的 URL，否则打印"Ignored"。每个命令输出一行，QUIT 命令没有任何输出。

输入样例：

```
VISIT http://acm.ashland.edu/
VISIT http://acm.baylor.edu/acmicpc/
BACK
BACK
BACK
FORWARD
VISIT http://www.ibm.com/
BACK
BACK
FORWARD
FORWARD
FORWARD
QUIT
```

输出样例：

```
http://acm.ashland.edu/
http://acm.baylor.edu/acmicpc/
http://acm.ashland.edu/
http://www.acm.org/
Ignored
http://acm.ashland.edu/
http://www.ibm.com/
http://acm.ashland.edu/
http://www.acm.org/
http://acm.ashland.edu/
http://www.ibm.com/
Ignored
```

解：采用前向栈 stackBack 和后向栈 stackForward 直接模拟，当 BACK 或者 FORWARD 时将一个栈里面的顶端移到另一个栈的顶端。注意，stackBack 栈的最底层至少要有一个元素。对应的 AC 程序如下：

```java
import java.util.Stack;
import java.util.Scanner;
public class Main {
    public static void main(String[] args) {
        Scanner fin=new Scanner(System.in);
        Stack<String> stackBack = new Stack<String>();
        Stack<String> stackForward = new Stack<String>();
        String curp = "http://www.acm.org/";          //最初页面为"http://www.acm.org/"
        while(fin.hasNext()) {
            String s = fin.nextLine();
            if(s.startsWith("QUIT")) break;           //QUIT 命令
            if(s.startsWith("VISIT")) {               //VISIT 命令
                if(stackBack.size()<=100) {
                    stackBack.push(curp);             //进前向栈
                    stackForward.clear();             //清空后向栈
                }
                curp=s.substring(6);                  //跳过开头的"VISIT"
                System.out.println(curp);
            }
```

```
            if(s.startsWith("BACK")) {                  //BACK 命令
                if(stackBack.isEmpty())                 //前向栈空
                    System.out.println("Ignored");
                else {
                    if(stackForward.size()<=100)
                        stackForward.push(curp);        //当前页进后向栈
                    String a=stackBack.pop();           //前向栈出栈 a
                    System.out.println(a);
                    curp=a;                             //a 作为当前页
                }
            }
            if(s.startsWith("FORWARD")) {               // FORWARD 命令
                if(stackForward.isEmpty())
                    System.out.println("Ignored");
                else {
                    if(stackBack.size()<=100)
                        stackBack.push(curp);           //当前页进后向栈
                    String a=stackForward.pop();        //前向栈出栈 a
                    System.out.println(a);
                    curp=a;                             //a 作为当前页
                }
            }
        }
    }
}
```

上述程序的执行时间为1547ms，执行空间为4060KB。

7. HDU1873——看病要排队

时间限制：3000ms；空间限制：32 768KB。(HDU1509 与之类似)

问题描述：看病要排队是大家都知道的常识，不过细心的 0068 经过观察，他发现医院里的排队还是有讲究的。0068 所去的医院有 3 位医生同时在看病，而病人的病情有轻重，不能根据简单的先来先服务的原则，所以医院对每种病情规定了 10 种不同的优先级，级别为 10 的优先权最高，级别为 1 的优先权最低。医生在看病时，会在他的病人里面选择一个优先权最高的先进行诊治，如果遇到两个优先权一样的病人，则选择最早来排队的病人。

请编程帮助医院模拟这个看病过程。

输入格式：输入数据包含多组测试，请处理到文件结束。每组数据的第一行有一个正整数 $n(0<n<2000)$，表示发生事件的数目，接下来有 n 行，分别表示发生的事件。一共有以下两种事件。

(1) IN A B：表示有一个拥有优先级 B 的病人要求医生 A 诊治($0<A\leqslant 3,0<B\leqslant 10$)。

(2) OUT A：表示医生 A 进行了一次诊治，诊治完毕后病人出院($0<A\leqslant 3$)。

输出格式：对于每个"OUT A"事件，请在一行里面输出被诊治人的编号 ID。如果该事件中无病人需要诊治，则输出"EMPTY"。诊治人的编号 ID 的定义为：在一组测试中，"IN A B"事件发生第 k 次时进来的病人的 ID 即为 k。从 1 开始编号。

输入样例：

```
7
IN 1 1
```

```
IN 1 2
OUT 1
OUT 2
IN 2 1
OUT 2
OUT 1
2
IN 1 1
OUT 1
```

输出样例：

```
2
EMPTY
3
1
1
```

解：每位医生对应一个优先队列，有该医生的病人时将其进队，有该医生的病人看病时将其出队。对应的AC程序如下：

```java
import java.util.*;
class Patient {                                         //病人类
    private int docId;                                  //病人要求医生编号
    private int priority;                               //病人优先级
    private int id;                                     //病人编号
    public Patient(int pid, int did, int pri) {         //构造方法
        id = pid;
        docId = did;
        priority = pri;
    }
    public int getid() {                                //返回id
        return id;
    }
    public int getpri() {                               //返回priority
        return priority;
    }
}
public class Main {
    final static int MAXN = 2010;
    public static Comparator<Patient> priComparator     //定义priComparator
        = new Comparator<Patient>() {
        public int compare(Patient o1, Patient o2) {    //用于创建大根堆
            if(o2.getpri() == o1.getpri())              //优先级相同时
                return o1.getid() - o2.getid();         //按id越小越优先
            else
                return o2.getpri() - o1.getpri();       //按priority越大越优先
        }
    };
    public static void main(String[] args) {
```

```java
Scanner fin=new Scanner(System.in);
PriorityQueue<Patient> pq1=new PriorityQueue<>(MAXN,priComparator);
PriorityQueue<Patient> pq2=new PriorityQueue<>(MAXN,priComparator);
PriorityQueue<Patient> pq3=new PriorityQueue<>(MAXN,priComparator);
int n;
while(fin.hasNext()) {
    n=fin.nextInt();
    pq1.clear();
    pq2.clear();
    pq3.clear();
    int id=1;
    while(n-->0) {
        String str=fin.next();
        if(str.charAt(0) == 'I') {              //IN A B命令
            int docid=fin.nextInt();
            int priority=fin.nextInt();
            Patient p=new Patient(id++,docid,priority);
            if(docid==1)
                pq1.offer(p);
            else if(docid==2)
                pq2.offer(p);
            else
                pq3.offer(p);
        }
        else {                                   //OUT A命令
            int docid=fin.nextInt();
            if(docid==1) {
                if(pq1.isEmpty())
                    System.out.println("EMPTY");
                else
                    System.out.println(pq1.poll().getid());
            }
            else if(docid==2) {
                if(pq2.isEmpty())
                    System.out.println("EMPTY");
                else
                    System.out.println(pq2.poll().getid());
            }
            else {
                if(pq3.isEmpty())
                    System.out.println("EMPTY");
                else
                    System.out.println(pq3.poll().getid());
            }
        }
    }
}
```

上述程序的执行时间为592ms,执行空间为13 852KB。

3.4 第4章 串

1. HDU1020——编码问题

时间限制：2000ms；空间限制：65 536KB。

问题描述：给定一个只包含"A"~"Z"的字符串，使用以下方法对其进行编码。

(1) 每个包含 k 个相同字符的子串应编码为"kX"，其中"X"是该子串中唯一的字符。

(2) 如果子串的长度为1，则应忽略"1"。

输入格式：第一行包含整数 $T(1 \leqslant T \leqslant 100)$，表示测试用例的个数，接下来的 T 行包含 T 个字符串，每个字符串仅包含"A"~"Z"，长度小于 10 000。

输出格式：对于每个测试用例，输出一行包含对应的编码字符串。

输入样例：

```
2
ABC
ABBCCC
```

输出样例：

```
ABC
A2B3C
```

解：扫描字符串 s，累计相邻重复字符 c 的个数 cnt，若 cnt==1，保持 c 不变，否则改为 cnt+c。对应的 AC 程序如下：

```java
import java.lang.*;
import java.util.Scanner;
public class Main {
    public static String solve(String s) {
        String t="";                                  //串 s 的编码为 t
        int cnt,i,j;
        i=0;
        while(i<s.length()) {
            cnt=1;
            for(j=i+1;j<s.length();j++) {
                if(s.charAt(i)==s.charAt(j))
                    cnt++;                             //累计与 s[i]相同的字符的个数
                else
                    break;
            }
            if(cnt>1)
                t+=cnt+""+s.charAt(i);
            else
                t+=s.charAt(i);
            i=j;                                       //更新起始位置
        }
        return t;
```

```
        }
        public static void main(String[] args) {
            int T;
            String s;
            Scanner fin=new Scanner(System.in);
            T=fin.nextInt();
            fin.nextLine();
            while(T-->0) {
                s=fin.nextLine();
                System.out.println(solve(s));
            }
        }
    }
```

上述程序的执行时间为280ms,执行空间为932KB。

2. HUD1711——数字序列问题

时间限制：10 000ms；空间限制：32 768KB。

问题描述：给定两个整数序列 $a[1], a[2], \cdots, a[n]$ 和 $b[1], b[2], \cdots, b[m]$($1 \leqslant m \leqslant 10\,000, 1 \leqslant n \leqslant 1\,000\,000$),请找到一个整数 k 使得 $a[k]=b[1], a[k+1]=b[2], \cdots, a[k+m-1]=b[m]$。如果有多个这样的 k 存在,输出最小的。

输入格式：第一行为测试用例个数 t。对于每个测试用例,第一行为两个整数 n 和 m,第二行为 n 个整数 $a[1], a[2], \cdots, a[n]$,第3行为 m 个整数 $b[1], b[2], \cdots, b[m]$,所有整数在$[-1\,000\,000, 1\,000\,000]$范围内。

输出格式：对于每个测试用例,输出一个满足上述条件的整数 k,若不存在这样的 k,输出 -1。

输入样例：

```
2
13 5
1 2 1 2 3 1 2 3 1 3 2 1 2
1 2 3 1 3
13 5
1 2 1 2 3 1 2 3 1 3 2 1 2
1 2 3 2 1
```

输出样例：

```
6
-1
```

解：直接采用KMP算法进行匹配(KMP算法在有多个子串出现时仅仅查找第一个子串位置,即这样的 k 存在多个时输出最小的),若返回的 k 不为 -1,输出 $k+1$(这里要求序号从1开始),否则输出 -1。

本题有多个测试用例,为了节省空间,将 a、b、next数组等设计为静态变量。对应的AC程序如下：

```java
import java.util.*;
import java.util.Scanner;
public class Main {
    final static int MAXN=1000010;
    final static int MAXM=10010;
    static int[] a=new int[MAXN];
    static int[] b=new int[MAXM];
    static int[] next=new int[MAXM];
    static int n,m;
    public static void GetNext() {                    //求模式串 b 的 next 数组
        int j,k;
        j=0; k=-1; next[0]=-1;
        while(j<m-1) {
            if(k==-1 || b[j]==b[k]) {                 //k 为-1 或比较的字符相等时
                j++;k++;
                next[j]=k;
            }
            else k=next[k];
        }
    }
    public static int KMP() {                          //KMP 算法
        GetNext();
        int i=0,j=0;
        while(i<n && j<m) {
            if(j==-1 || a[i]==b[j]) {
                i++; j++;                              //i、j 各增 1
            }
            else j=next[j];                            //i 不变,j 后退
        }
        if(j>=m) return i-m;                           //匹配成功,返回 t 在 s 中的起始位置
        else return -1;                                //匹配不成功,返回-1
    }
    public static void main(String[] args) {
        int T;
        Scanner fin=new Scanner(System.in);
        T=fin.nextInt();
        while(T-->0) {
            n=fin.nextInt();
            m=fin.nextInt();
            for(int i=0;i<n;i++) {
                int x=fin.nextInt();
                a[i]=x;
            }
            for(int i=0;i<m;i++) {
                int x=fin.nextInt();
                b[i]=x;
            }
            int k=KMP();
            if(k!=-1)
                System.out.println(k+1);
            else
                System.out.println("-1");
        }
    }
}
```

上述程序的执行时间为6801ms,执行空间为18 004KB。

3. HDU2087——剪花布条问题

时间限制：10 000ms；空间限制：32 768KB。

问题描述：一块花布条,里面有一些图案,另有一块直接可用的小饰条,里面也有一些图案。对于给定的花布条和小饰条,计算一下能从花布条中尽可能剪出几块小饰条？

输入格式：输入中含有一些数据,分别是成对出现的花布条和小饰条,其布条都是用可见的ASCII码字符表示的,可见的ASCII码字符有多少个,布条的花纹就有多少种花样。注意,花纹条和小饰条不会超过1000个字符长。如果遇见♯字符,则不再进行工作。

输出格式：输出能从花布条中剪出的最多小饰条个数,如果一块也没有,那就输出0,每个结果之间换行。

输入样例：

```
abcde a3
aaaaaa  aa
♯
```

输出样例：

```
0
3
```

解：这里是求小饰条 t 在花布条 s 中出现的次数,并且是不重叠匹配。

利用KMP算法求解。用 i、j 分别扫描 s、t 串(分别为 m、n 个字符),cnt 记录子串出现的次数(初始时为0)。当匹配成功时, i 恰好指向 s 中匹配的 t 子串的下一个字符,此时只需要将 j 设为0重新开始查找下一个 t 子串即可。

对应的AC程序如下：

```java
import java.lang.*;
import java.util.Scanner;
public class Main {
    final static int MAXN=1005;
    public static void GetNext(String t,int next[]) {      //由模式串 t 求出 next 值
        int j,k;
        int n=t.length();
        j=0; k=-1; next[0]=-1;
        while(j<n-1) {
            if(k==-1 || t.charAt(j)==t.charAt(k)) {
                j++;k++;
                next[j]=k;
            }
            else k=next[k];
        }
    }
    public static int KMP(String s,String t) {             //利用KMP算法求 t 在 s 中出现的次数
        int[] next=new int[MAXN];
        int i=0,j=0,cnt=0;
        int m=s.length();
```

```
        int n=t.length();
        GetNext(t,next);
        while(i<m && j<n) {
            if(j==-1 || s.charAt(i)==t.charAt(j)) {
                i++; j++;                                    //i,j各增1
            }
            else j=next[j];                                  //i不变,j后退
            if(j>=n) {                                       //成功匹配1次
                cnt++;
                j=0;                                         //j设置为0,继续匹配
            }
        }
        return cnt;
    }
    public static void main(String[] args) {
        Scanner fin = new Scanner(System.in);
        String s,t;
        while(true) {
            s=fin.next();
            if(s.equals("#")) break;
            t=fin.next();
            System.out.println(KMP(s,t));
        }
    }
}
```

上述程序的执行时间为327ms,执行空间为9504KB。

4. POJ3461——Oulipo 问题

时间限制:1000ms;空间限制:65 536KB。

问题描述:给出字母表{'A','B','C',…,'Z'}和该字母表上的两个有限字符串,即单词 W 和文本 T,计算 T 中 W 出现的次数,注意 W 的所有连续字符必须与 T 的连续字符完全匹配,字符可能重叠。

输入格式:输入文件的第一行包含测试用例个数 t。每个测试用例都具有以下格式:一行单词 W 和一行文本 T,所有字符均在{'A','B','C',…,'Z'}中,$1 \leqslant |W| \leqslant 10\,000$($|W|$表示 W 的长度),$|W| \leqslant |T| \leqslant 1\,000\,000$。

输出格式:每个测试用例对应一行,表示单词 W 在文本 T 中出现的次数。

输入样例:

```
3
BAPC
BAPC
AZA
AZAZAZA
VERDI
AVERDXIVYERDIAN
```

输出样例:

1
3
0

解：这里是求单词 W 在文本 T 中出现的次数，并且是重叠匹配。

利用 KMP 算法求串 t 在串 s 中可重叠出现的次数。用 i、j 分别扫描 s、t 串（分别为 m、n 个字符），cnt 记录子串出现的次数（初始时为 0）。在基本 KMP 算法的基础上做以下两点修改。

（1）在基本 KMP 算法中，模式串为 $t[0..n-1]$，求出 $\text{next}[0..n-1]$，其过程是先置 $\text{next}[0]=-1$，再由 $\text{next}[j]$ 求出 $\text{next}[j+1]$，所以 j 从 0 到 $n-2$ 循环。这里还要求 $\text{next}[n]$（即 t 中尾字符后面一个位置的前面有多少个字符与开头的字符相同，因为这里的子串可以重叠），所以改为 j 从 0 到 $n-1$ 循环。

（2）当匹配成功时 j 不是设置为 0，而是设置为 $\text{next}[j]$（包含前面重叠匹配的字符个数），这样达到重叠匹配的目的。

例如，$s=$ "aaa"，$t=$ "aa"，t 在 s 中不重叠出现的次数是 1，显然重叠出现的次数是 2，因为 "s_0s_1" 和 "s_1s_2" 都与 t 相同，所以这两个子串是重叠的。考虑子串重叠情况下的 KMP 过程是求出 t 的 $\text{next}=\{-1,0,1\}$，即 $\text{next}[2]=1$，其匹配过程如图 3.2 所示，最后求出的 cnt 为 2。

图 3.2 s 与 t 的匹配过程

对应的 AC 程序如下：

```java
import java.lang.*;
import java.util.Scanner;
public class Main {
    final static int MAXN=10005;
    public static void GetNext(String t,int next[]) {     //由模式串 t 求出 next 值
        int j,k;
        int n=t.length();
        j=0; k=-1; next[0]=-1;
        while(j<n) {
            if(k==-1 || t.charAt(j)==t.charAt(k)) {
                j++;k++;
                next[j]=k;
            }
            else k=next[k];
        }
    }
    public static int KMP(String s,String t) {            //利用 KMP 算法求 t 在 s 中出现的次数
        int [] next=new int[MAXN];
        int i=0,j=0,cnt=0;
        int m=s.length();
        int n=t.length();
```

```java
        GetNext(t,next);
        while(i < m && j < n) {
            if(j == -1 || s.charAt(i) == t.charAt(j)) {
                i++; j++;                              //i,j各增1
            }
            else j=next[j];                            //i不变,j后退
            if(j >= n) {                               //成功匹配1次
                cnt++;
                j=next[j];                             //将j设置为next[j]继续匹配
            }
        }
        return cnt;
    }
    public static void main(String[] args) {
        Scanner fin = new Scanner(System.in);
        int t;
        String W,T;
        t=fin.nextInt();
        while(t-- > 0) {
            W=fin.next();
            T=fin.next();
            System.out.println(KMP(T,W));
        }
    }
}
```

上述程序的执行时间为1063ms,执行空间为8816KB。

3.5 第5章 递归

1. POJ1664——放苹果

时间限制:1000ms;空间限制:10 000KB。

问题描述:把 m 个同样的苹果放在 n 个同样的盘子里,允许有的盘子空着不放,问共有多少种不同的放法(用 k 表示)?注意5,1,1和1,5,1是同一种放法。

输入格式:第一行是测试数据的数目 $t(0 \leqslant t \leqslant 20)$,以下每行均包含两个整数 m 和 n,以空格分开,$1 \leqslant m,n \leqslant 10$。

输出格式:对于输入的每组数据 m 和 n,用一行输出相应的 k。

输入样例:

1
7 3

输出样例:

8

解:设 $f(m,n)$ 为 m 个苹果放在 n 个盘子的放法数,它是大问题,显然 $f(m_1,n_1)$

($m_1 < m$ 或者 $n_1 < n$)是小问题。

(1) 如果 $m=1$,显然只有一种放法(一个苹果放入一个盘子,其他盘子空),所以 $f(1,n)=1$。如果 $n=1$,也只有一种放法(m 个苹果放入一个盘子),所以 $f(m,1)=1$。

(2) 如果 $m<n$,必定有 $n-m$ 个盘子永远空着,去掉它们对分法的数目不产生影响,即有 $f(m,n)=f(m,m)$。

(3) 如果 $m=n$,其放法可以分成两类:

① 所有盘子都有苹果,即每个苹果放到一个盘子中,对应一种分法。

② 至少有一个盘子空着,相当于只有 $m-1$ 个盘子的情况,所以有 $f(m,m)=f(m,m-1)$。

此时总的放法数等于两者的和,即 $f(m,m)=f(m,m-1)+1$。

(4) 如果 $m \geq n$,其放法可以分成两类:

① 至少有一个盘子空着,相当于只有 $n-1$ 个盘子的情况,所以有 $f(m,n)=f(m,n-1)$。

② 所有盘子都有苹果,可以从每个盘子中拿掉一个苹果,不影响不同放法数,对应 $m-n$ 个苹果的放法数,即 $f(m,n)=f(m-n,n)$。

此时总的放法数等于两者的和,即 $f(m,n)=f(m,n-1)+f(m-n,n)$。

对应的递归模型如下:

$$f(m,n)=1 \quad\quad m=1 \text{ 或者 } n=1$$
$$f(m,n)=f(m,m) \quad\quad m<n$$
$$f(m,n)=f(m,m-1)+1 \quad\quad m=n$$
$$f(m,n)=f(m,n-1)+f(m-n,n) \quad\quad 其他$$

对应的 AC 程序如下:

```java
import java.util.*;
import java.util.Scanner;
public class Main {
    public static int solve(int m, int n) {                    //求解算法
        if(m==1||n==1)
            return 1;
        else if(m<n)
            return solve(m,m);
        else if(m==n)
            return solve(m,m-1)+1;
        else
            return solve(m,n-1)+solve(m-n,n);
    }
    public static void main(String[] args) {
        Scanner fin=new Scanner(System.in);
        int t,m,n;
        t=fin.nextInt();
        while(t-->0) {
            m=fin.nextInt();
            n=fin.nextInt();
            System.out.println(solve(m,n));
        }
    }
}
```

上述程序的执行时间为94ms,执行空间为3017KB。

2. POJ2083——分形问题

时间限制:1000ms;空间限制:30 000KB。

问题描述:分形是从某种技术意义上在所有尺度上以自相似方式显示的物体或数值。物体不需要在所有尺度上都具有完全相同的结构,但在所有尺度上必须具有相同的结构"类型"。盒子分形的定义如下:

1级盒子分形是简单的:

```
X
```

2级盒子分形是:

```
X X
 X
X X
```

如果用$B(n-1)$表示$n-1$级盒子分形,那么递归地定义n级盒子分形如下:

```
B(n-1)      B(n-1)
      B(n-1)
B(n-1)      B(n-1)
```

请画出n级盒子分形。

输入格式:输入包含几个测试用例。输入的每一行包含一个不大于7的正整数n,输入的最后一行是负整数-1,表示输入结束。

输出格式:对于每个测试用例,使用 X 表示法输出框分形。注意 X 是一个大写字母。在每个测试用例后打印一行,该行只有一个短画线。

输入样例:

```
1
2
3
4
-1
```

输出样例:输出结果如图3.3所示。

解:用二维 boolean 型数组 map 存放n级盒子分形,map[i][j]为 true 表示(i,j)位置为"X",否则为空。当求出 map 后,只需要在屏幕上输出 map 对应的图即可,关键是如何计算 map。

设$f(x,y,n)$表示求n级盒子分形,其左上角为(x,y)。该问题对应5个$n-1$级盒子分形,即左上角、右上角、中间、左下角和右下角的$n-1$级盒子分形,每个位置如图3.4所示,每个子盒子分形的大小为3^{n-1}($n>1$),为了方便计算,设置一个3的n次幂表数组 pows = {1,3,9,27,81,243,729}(下标从0开始,3^{n-1}对应下标为$n-2$的元素 pows[$n-2$])。这样,得到如下递归模型:

$f(x,y,n) \equiv \text{map}[x][y] = \text{true}$ $n=1$

$f(x,y,n) \equiv f(x,y,n-1);$ $n>1$

$\quad\quad\quad\quad f(x,y+2*\text{pows}[n-2],n-1);$

$\quad\quad\quad\quad f(x+\text{pows}[n-2],y+\text{pows}[n-2],n-1);$

$\quad\quad\quad\quad f(x+2*\text{pows}[n-2],y,n-1);$

$\quad\quad\quad\quad f(x+2*\text{pows}[n-2],y+2*\text{pows}[n-2],n-1);$

```
X
-
X X
 X
X X
-
X X   X X
 X     X
X X   X X
   X X
    X
   X X
X X   X X
 X     X
X X   X X
-
X X         X X   X X
 X           X     X
X X         X X   X X
   X X         X X
    X           X
   X X         X X
X X   X X   X X   X X
 X     X     X     X
X X   X X   X X   X X
         X X   X X
          X     X
         X X   X X
```

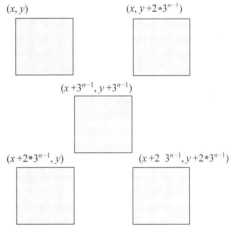

图 3.3 样例的输出结果   图 3.4 n 级盒子分形的五部分

对应的 AC 程序如下:

```java
import java.util.*;
import java.util.Scanner;
public class Main {
    static int MAXN=730;
    static boolean[][] map=new boolean[MAXN][MAXN];
    static int[] pows={1,3,9,27,81,243,729};      //3 的 n 次幂表
    static void solve(int x,int y,int n) {        //求解算法
        if(n==1) {
            map[x][y]=true;
            return;
        }
        solve(x,y,n-1);                            //递归绘制左上角的图形
```

```
            solve(x,y+2*pows[n-2],n-1);            //递归绘制右上角的图形
            solve(x+pows[n-2],y+pows[n-2],n-1);    //递归绘制中间的图形
            solve(x+2*pows[n-2],y,n-1);            //递归绘制左下角的图形
            solve(x+2*pows[n-2],y+2*pows[n-2],n-1);//递归绘制右下角的图形
        }
        public static void main(String[] args) {
            Scanner fin=new Scanner(System.in);
            int n;
            while(true) {
                n=fin.nextInt();
                if(n==-1) break;
                for(int i=0;i<MAXN;i++) {           //map 的初始化
                    for(int j=0;j<MAXN;j++)
                        map[i][j]=false;
                }
                solve(1,1,n);
                for(int i=1;i<=pows[n-1];i++) {
                    for(int j=1;j<=pows[n-1];j++) {
                        if(map[i][j])
                            System.out.print("X");
                        else
                            System.out.print(" ");
                    }
                    System.out.println();
                }
                System.out.println("-");
            }
        }
    }
```

上述程序的执行时间为 1422ms,执行空间为 6036KB。

3. HDU2021——发工资问题

时间限制:2000ms;空间限制:65 536KB。

问题描述:作为学校的教师,最盼望的日子就是每月的 8 号了,但是对于学校财务处的工作人员来说,这一天则是很忙碌的一天。财务处的小胡老师最近在考虑一个问题:如果知道每个教师的工资额,最少需要准备多少张人民币才能在给每位教师发工资的时候不用教师找零呢?这里假设教师的工资都是正整数,单位为元,人民币一共有 100 元、50 元、10 元、5 元、2 元和 1 元 6 种。

输入格式:输入数据包含多个测试用例,每个测试用例的第一行是一个整数 $n(n<100)$,表示教师的人数,然后是 n 个教师的工资。$n=0$ 表示输入结束,不做处理。

输出格式:对于每个测试用例输出一个整数 x,表示最少需要准备的人民币张数。每个输出占一行。

输入样例:

```
3
1 2 3
0
```

输出样例：

4

解：对于教师的工资 x，求需要的人民币张数对应的大问题为 $f(x)$，为了让人民币张数最少，从人民币面值 100、50、10、5、2 和 1 依次判断，当分配一张面值为 y 的人民币后，对应的小问题为 $f(x-y)$。递归模型如下：

$$f(x)=0 \qquad x=0$$
$$f(x)=1+f(x-y) \quad x>0 \text{ 时分配一张面值为 } y \text{ 的人民币}$$

对应的 AC 程序如下：

```java
import java.util.*;
import java.util.Scanner;
public class Main {
    static int MAXN=101;
    static int[] a=new int[MAXN];
    static int[] b={100,50,10,5,2,1};
    public static int getcount(int x) {         //求解算法
        if(x==0)
            return 0;
        if(x>=100)
            return 1+getcount(x-100);
        else if(x>=50 && x<100)
            return 1+getcount(x-50);
        else if(x<50 && x>=10)
            return 1+getcount(x-10);
        else if(x<10 && x>=5)
            return 1+getcount(x-5);
        else if(x<5 && x>=2)
            return 1+getcount(x-2);
        else                                     //n=1
            return 1+getcount(x-1);
    }
    public static void main(String[] args) {
        Scanner fin = new Scanner(System.in);
        int n;
        int sum,count;
        while(true) {
            n=fin.nextInt();
            if(n==0) break;
            for(int i=0;i<n;i++)
                a[i]=fin.nextInt();
            sum=0;
            for(int j=0;j<n;j++)
                sum+=getcount(a[j]);
            System.out.println(sum);
        }
    }
}
```

上述程序的执行时间为 296ms，执行空间为 13 220KB。

说明：本题采用求模方式更简单，这里设计递归算法是为了说明递归的应用。

4. HDU1997——汉诺塔问题

时间限制：2000ms；空间限制：65 536KB。

问题描述：n 个盘子的汉诺塔问题的最少移动次数是 2^n-1，即在移动过程中会产生 2^n 个系列。由于发生错移产生的系列增加了，这种错误是放错了柱子，并不会把大盘放到小盘上，即各柱子从下往上的大小仍保持如下关系：

$$n = m + p + q$$
$$a_1 > a_2 > \cdots > a_m$$
$$b_1 > b_2 > \cdots > b_p$$
$$c_1 > c_2 > \cdots > c_q$$

其中，a_i 是 A 柱上的盘子的盘号系列，b_i 是 B 柱上的盘子的盘号系列，c_i 是 C 柱上的盘子的盘号系列，最初目标是将 A 柱上的 n 个盘子移到 C 盘。给出一个系列，判断它是否为在正确移动中产生的系列。

例 1，$n=3$

```
3        //A柱上只有盘号为3的盘子
2        //B柱上只有盘号为2的盘子
1        //C柱上只有盘号为1的盘子
```

是正确的。而例 2，$n=3$

```
3        //A柱上只有盘号为3的盘子
1        //B柱上只有盘号为1的盘子
2        //C柱上只有盘号为2的盘子
```

是不正确的。

注意：对于例 2，如果目标是将 A 柱上的 n 个盘子移到 B 盘，则是正确的。

输入格式：包含多组数据，首先输入 t，表示有 t 组数据，每组数据 4 行，第一行 n 是盘子的数目，$n \leqslant 64$，后 3 行如下：

$$m\ a_1\ a_2 \cdots a_m$$
$$p\ b_1\ b_2 \cdots b_p$$
$$q\ c_1\ c_2 \cdots c_q$$

$n = m+p+q, 0 \leqslant m \leqslant n, 0 \leqslant p \leqslant n, 0 \leqslant q \leqslant n$。

输出格式：对于每组数据，判断它是否为在正确移动中产生的系列，正确时输出 true，否则输出 false。

输入样例：

```
6
3
1 3
1 2
1 1
3
```

```
1 3
1 1
1 2
6
3 6 5 4
1 1
2 3 2
6
3 6 5 4
2 3 2
1 1
3
1 3
1 2
1 1
20
2 20 17
2 19 18
16 16 15 14 13 12 11 10 9 8 7 6 5 4 3 2 1
```

输出样例：

```
true
false
false
false
true
true
```

解：汉诺塔的原理就是 hanoi(n)≡hanio($n-1$)+1 次移动+hanio($n-1$)，也就是说要将 n 个盘子从 A 移动到 C，必须先将 $n-1$ 个盘子从 A 移动到 B，再将第 n 个盘子从 A 移动到 C，最后将 $n-1$ 个盘子从 B 移动到 C，相当于把 $n-1$ 个盘子从 A 移动到 C 两次。边界条件是 $n=1$ 时一次移动。

对于本题来说就是判断第 i 个盘子在哪里，根据汉诺塔原理，第 n 个盘子所在之处有两种可能：

(1) 在 A 处，那么第 $n-1$ 个盘子就在 A 或者 B 处（A 不动，B、C 交换）。

(2) 在 C 处，那么第 $n-1$ 个盘子就在 C 或者 B 处（C 不动，A、B 交换）。

用 map 数组存放输入的 3 个序列，map[0]、map[1] 和 map[2] 分别对应 a、b、c 序列，用一维数组 no 存放 3 个序列的遍历情况。对应的 AC 程序如下：

```java
import java.util.*;
import java.util.Scanner;
public class Main {
    static int MAXN=70;
    static int map[][]=new int[3][MAXN];
    static int[] no=new int[3];
    static boolean hanoi(int n,int a,int b,int c) {
        if(n==0)                              //递归出口
            return true;
```

```java
            if(map[a][no[a]]==n) {          //当盘子 n 在 A 上时,下面该判断盘子 n-1 是否在 A 或 B 上
                no[a]++;
                return hanoi(n-1,a,c,b);
            }
            else if(map[c][no[c]]==n) {     //当盘子 n 在 C 上时,下面该判断盘子 n-1 是否在 B 或 C 上
                no[c]++;
                return hanoi(n-1,b,a,c);
            }
            else return false;              //其他情况返回 false
        }
        public static void main(String[] args) {
            Scanner fin=new Scanner(System.in);
            int t;
            t=fin.nextInt();
            while(t-->0) {
                int n,m,p,q;
                for(int i=0;i<3;i++) {                //map 的初始化
                    for(int j=0;j<MAXN;j++)
                        map[i][j]=0;
                }
                for(int i=0;i<3;i++)                  //no 的初始化
                    no[i]=0;
                n=fin.nextInt();
                m=fin.nextInt();
                for(int i=0;i<m;i++)
                    map[0][i]=fin.nextInt();
                p=fin.nextInt();
                for(int i=0;i<p;i++)
                    map[1][i]=fin.nextInt();
                q=fin.nextInt();
                for(int i=0;i<q;i++)
                    map[2][i]=fin.nextInt();
                if(hanoi(n,0,1,2))                    //初始时 3 个塔对应 0~2
                    System.out.println("true");
                else
                    System.out.println("false");
            }
        }
    }
```

上述程序的执行时间为 312ms,执行空间为 9460KB。

5. HDU2013——蟠桃记问题

时间限制:2000ms;空间限制:65 536KB。

问题描述:喜欢《西游记》的同学肯定都知道悟空偷吃蟠桃的故事,你们一定觉得这猴子太闹腾了,其实你们是有所不知,悟空是在研究一个数学问题!什么问题?他研究的问题是蟠桃一共有多少个。不过,到最后他还是没能解决这个难题。当时的情况是这样的:第一天悟空吃掉桃子总数的一半多一个,第二天又将剩下的桃子吃掉一半多一个,以后每天吃掉前一天剩下的一半多一个,到第 n 天准备吃的时候只剩下一个桃子。请帮悟空算一下,他第一天开始吃的时候桃子一共有多少个?

输入格式：输入数据有多组，每组占一行，包含一个正整数 $n(1<n<30)$，表示只剩下一个桃子的时候是在第 n 天发生的。

输出格式：对于每组输入数据，输出第一天开始吃的时候桃子的总数，每个测试用例占一行。

输入样例：

```
2
4
```

输出样例：

```
4
22
```

解：设 $f(i)$ 为第 n 天只剩下一个桃子时第 $i(i<n)$ 天开始吃的时候桃子的总数。递归模型如下：

$$f(i)=1 \qquad i=n$$
$$f(i)=2(f(i+1)+1) \qquad 其他$$

最后求出 $f(1)$ 就是题目的解。对应的 AC 程序如下：

```java
import java.util.Scanner;
public class Main {
    static int n;
    public static int f(int i) {
        if(i==n)
            return 1;
        else
            return 2 * (f(i+1)+1);
    }
    public static void main(String[] args) {
        Scanner fin = new Scanner(System.in);
        int ans;
        while(fin.hasNext()) {
            n=fin.nextInt();
            System.out.println(f(1));
        }
    }
}
```

上述程序的执行时间为 234ms，执行空间为 9260KB。实际上改为以下非递归算法效率更高：

```java
import java.util.Scanner;
public class Main {
    public static void main(String[] args) {
        Scanner fin = new Scanner(System.in);
        int n,ans;
        while(fin.hasNext()) {
            n=fin.nextInt();
```

```
            ans=1;
            n--;
            while(n--!=0)
                ans=(ans+1)*2;
            System.out.println(ans);
        }
    }
}
```

上述程序的执行时间为218ms,执行空间为9388KB。

6. POJ1979——红与黑问题

时间限制:1000ms;空间限制:30 000KB。

问题描述:一间长方形客房铺有方形瓷砖,每块瓷砖为红色或黑色。一个男人站在黑色瓷砖上,他可以移动到4个相邻瓷砖中的一个,但他不能在红色瓷砖上移动,只能在黑色瓷砖上移动。编写一个程序,通过重复上述动作来计算他可以到达的黑色瓷砖的数量。

输入格式:输入由多个数据集组成。数据集以包含两个正整数 W 和 H 的行开始,W 和 H 分别是 x 和 y 方向上的瓷砖数量,W 和 H 不超过 20,数据集中还有 H 行,每行包含 W 个字符。每个字符代表的内容如下:

(1) '.'代表黑色瓷砖。

(2) '#'代表红色瓷砖。

(3) '@'代表黑色瓷砖上的男人(在一个数据集中只出现一次)。

输入的结尾由两个 0 组成的行表示。

输出格式:对于每个数据集,编写的程序应输出一行,其中包含该男人可以从初始瓷砖(包括其自身)到达的瓷砖的数量。

输入样例:

```
6 9
....#.
.....#
......
......
......
......
......
#@...#
.#..#.
11 9
.#.........
.#.#######.
.#.#.....#.
.#.#.###.#.
.#.#..@#.#.
.#.#####.#.
.#.......#.
.#########.
...........
```

```
11 6
..#..#..#..
..#..#..#..
..#..#..###
..#..#..#@.
..#..#..#..
..#..#..#..
7 7
..#.#..
..#.#..
###.###
...@...
###.###
..#.#..
..#.#..
0 0
```

输出样例：

```
45
59
6
13
```

解：本题与递归求迷宫问题相似，只是改为从男人所在的黑色瓷砖位置 (x,y) 出发搜索能够到达的黑色瓷砖数。对应的 AC 程序如下：

```java
import java.util.Scanner;
public class Main {
    public static int[] Dx={0,0,1,-1};              //x方向偏移值
    public static int[] Dy={-1,1,0,0};              //y方向偏移值
    public static final int MAX=20;
    public static int col;
    public static int row;
    public static char[][] mg = new char[MAX][MAX];
    private static int dfs(int x,int y) {           //搜索可以到达的黑色瓷砖数
        int ans=0;
        for(int d=0;d<4;d++) {                      //对4个方位遍历
            int nx=x+Dx[d];
            int ny=y+Dy[d];
            if(nx>=0 && ny>=0 && nx<col && ny<row && mg[ny][nx]=='.') {
                                                    //找到一个相邻的黑色瓷砖
                mg[ny][nx] = '#';                   //改变走过的位置
                ans+=1+dfs(nx,ny);
            }
        }
        return ans;
    }
    public static void main(String[] args) {
        Scanner fin=new Scanner(System.in);
        int x=0,y=0;
        while(true) {
            col=fin.nextInt();
```

```
            row=fin.nextInt();
            if(col==0 && row==0) break;
            int ans=1;                              //起点算一个
            for(int i=0;i<row;i++) {
                String temp=fin.next();
                for(int j=0;j<col;j++) {
                    char s=temp.charAt(j);
                    mg[i][j]=s;
                    if(s=='@') {                    //找到男人的位置
                        x=j;
                        y=i;
                    }
                }
            }
            ans+=dfs(x,y);                          //从(x,y)出发查找
            System.out.println(ans);
        }
    }
}
```

上述程序的执行时间为797ms,执行空间为3572KB。

7. POJ3752——字母旋转游戏

时间限制:1000ms,空间限制:65 536KB。

问题描述:给定两个整数 m、n,生成一个 $m \times n$ 的矩阵,矩阵中元素的取值为 A~Z 的 26 个字母中的一个,A 在左上角,其余各数按顺时针方向旋转前进,依次递增放置,当超过 26 时又从 A 开始填充。例如,当 $m=5$、$n=8$ 时矩阵中的内容如图 3.5 所示。

```
A B C D E F G H
V W X Y Z A B I
U J K L M N C J
T I H G F E D K
S R Q P O N M L
```

图 3.5 $m=5$、$n=8$ 时的矩阵

输入格式:m 为行数,n 为列数,其中 m、n 都为大于 0 的整数。
输出格式:分行输出相应的结果。
输入样例:

4 9

输出样例:

```
A B C D E F G H I
V W X Y Z A B C J
U J I H G F E D K
T S R Q P O N M L
```

解:采用《教程》中例 5.5 的递归算法,用二维数组 s 存放该字母矩阵。起始整数 start 从 0 开始,对应的字母为 (char)((int)'A'+start%26)。设 $f(x,y,m,n)$ 用于创建左上角为 (x,y)、起始元素值为 start 的 $m \times n$ 矩阵,如图 3.6 所示,共 m 行 n 列,它是大问题;$f(x+1,$

$y+1,m-2,n-2)$用于创建左上角为$(x+1,y+1)$、起始元素值为 start 的$(m-2)\times(n-2)$矩阵,共$n-2$行$n-2$列,它是小问题。

图 3.6 起始元素值为 start 的 $m\times n$ 矩阵

采用递归方法求出 s,再输出 s。对应的 AC 程序如下:

```
import java.util.Scanner;
public class Main {
    static int MAXM=21;
    static int MAXN=21;
    static char[][] s=new char[MAXM][MAXN];
    static int m,n;
    static int start=0;
    public static void CreateMat(int x,int y,int m,int n) {    //递归创建矩阵
        if(m<=0 || n<=0)                                        //递归结束条件
            return;
        if(m==1 && n>0) {                                       //矩阵只有第 y 行的 n 个元素
            for(int j=x;j<=x+n-1;j++) {
                s[y][j]=(char)((int)'A'+start%26);
                start++;
            }
            return;
        }
        if(m>0 && n==1) {                                       //矩阵只有第 x 列的 m 个元素
            for(int i=y;i<=y+m-1;i++) {
                s[i][x]=(char)((int)'A'+start%26);
                start++;
            }
            return;
        }
        for(int j=x;j<x+n-1;j++) {                              //上一行
            s[y][j]=(char)((int)'A'+start%26);;
            start++;
        }
        for(int i=y;i<y+m-1;i++) {                              //右一列
            s[i][x+n-1]=(char)((int)'A'+start%26);;
            start++;
        }
        for(int j=x+n-1;j>x;j--) {                              //下一行
            s[y+m-1][j]=(char)((int)'A'+start%26);
            start++;
        }
```

```java
            for(int i=y+m-1;i>y; i--) {              //左一列
                s[i][x]=(char)((int)'A'+start%26);
                start++;
            }
            CreateMat(x+1,y+1,m-2,n-2);              //递归调用
        }
        public static void DispMat() {               //输出螺旋矩阵
            for(int i=0;i<m;i++) {
                for(int j=0;j<n;j++)
                    System.out.print(" "+s[i][j]);
                System.out.println();
            }
        }
        public static void main(String[] args) {
            Scanner fin=new Scanner(System.in);
            m=fin.nextInt();
            n=fin.nextInt();
            CreateMat(0,0,m,n);
            DispMat();
        }
    }
```

上述程序的执行时间为 625ms，执行空间为 3020KB。

3.6 第6章 数组和稀疏矩阵

1. POJ3213——矩阵乘法问题

时间限制：5000ms；空间限制：131 072KB。

问题描述：USTC 最近开发了并行矩阵乘法机器 PM3，用于非常大的矩阵乘法运算。给定两个矩阵 A 和 B，其中 A 是 $n \times p$ 矩阵，B 是 $p \times m$ 矩阵，PM3 可以在 $O(p(n+p+m))$ 时间内计算矩阵 $C=A \times B$。然而，PM3 的开发人员很快发现了一个小问题：PM3 可能出错，而且每当出现错误时结果矩阵 C 只包含一个不正确的元素。

开发人员在 PM3 给出矩阵 C 之后检查并纠正它。他们认为这是一项简单的任务，因为最多会有一个不正确的元素。请编写一个程序来检查和纠正 PM3 计算的结果。

输入格式：输入的第一行是 3 个整数 n、p 和 $m(0<n,p,m \leqslant 1000)$，它们表示 A 和 B 的维数。然后跟随 n 行，每行有 p 个整数，以行序优先给出 A 的元素。之后是 B 和 C 的元素，以相同的方式给出。

A 和 B 的元素以 1000 的绝对值为界，C 的界限是 2 000 000 000。

输出格式：如果 C 不包含不正确的元素，请打印"Yes"，否则打印"No"后跟另外两行，第一行上有两个整数 r 和 c，第二行上有另一个整数 v，表示 C 中 r 行 c 列的元素应该校正为 v。

输入样例：

```
2 3 2
1 2 -1
```

```
3 -1 0
-1 0
0 2
1 3
-2 -1
-3 -2
```

输出样例：

```
No
1 2
1
```

解：采用二维数组 a、b、c 分别存放 A、B、C 矩阵，C 为给出的 $A \times B$ 结果，可能会有错，且最多只有一个元素出错。

如果按照矩阵乘法求出 $c=A \times B$，再将 C 与 c 的元素一一比较找到出错的元素，花费时间较多(时间复杂度为 $O(n^3)$)。这里通过一个示例看改进方法(时间复杂度为 $O(n^2)$)，例如：

$$a = \begin{bmatrix} 1 & 2 & 3 \\ 4 & 5 & 6 \\ 7 & 8 & 9 \end{bmatrix}, \quad b = \begin{bmatrix} 10 & 20 & 30 \\ 40 & 50 & 60 \\ 70 & 80 & 90 \end{bmatrix}$$

求 $c=a \times b$ 如下：

$$c[0][0] = 1 \times 10 + 2 \times 40 + 3 \times 70$$
$$c[0][1] = 1 \times 20 + 2 \times 50 + 3 \times 80$$
$$c[0][2] = 1 \times 30 + 2 \times 60 + 3 \times 90$$

c 的第 0 行的所有元素之和 $=c[0][0]+c[0][1]+c[0][2]=1\times(10+20+30)+2\times(40+50+60)+3\times(70+80+90)$

$$c[1][0] = 4 \times 10 + 5 \times 40 + 6 \times 70$$
$$c[1][1] = 4 \times 20 + 5 \times 50 + 6 \times 80$$
$$c[1][2] = 4 \times 30 + 5 \times 60 + 6 \times 90$$

c 的第 1 行的所有元素之和 $=c[1][0]+c[1][1]+c[1][2]=4\times(10+20+30)+5\times(40+50+60)+6\times(70+80+90)$

$$c[2][0] = 7 \times 10 + 8 \times 40 + 9 \times 70$$
$$c[2][1] = 7 \times 20 + 8 \times 50 + 9 \times 80$$
$$c[2][2] = 7 \times 30 + 8 \times 60 + 9 \times 90$$

c 的第 2 行的所有元素之和 $=c[2][0]+c[2][1]+c[2][2]=7\times(10+20+30)+8\times(40+50+60)+9\times(70+80+90)$

从中可以看出，c 的第 i 行的元素之和 $\text{tmp} = \sum_{j=0}^{m-1} a[i][j] \times (b$ 数组中第 j 行元素的和$)$。

所以设置两个一维数组 b_row 和 c_row，分别累计 b、c 数组的每一行的元素之和。另外，不必计算出 c 数组，当 $\text{tmp} \neq \text{c\_row}[i]$ 时说明出错元素在 C 的第 i 行，再采用常规方法在 C 的第 i 行中查找出错元素的位置。

对应的 AC 程序如下：

```java
import java.util.Scanner;
public class Main {
    static int N=1001;
    static int[][] a=new int[N][N];
    static int[][] b=new int[N][N];
    static int[][] c=new int[N][N];
    static int[] c_row=new int[N];
    static int[] b_row=new int[N];
    public static void main(String[] args) {
        Scanner fin = new Scanner(System.in);
        int n,m,p;
        while(fin.hasNext()) {
            n=fin.nextInt();
            m=fin.nextInt();
            p=fin.nextInt();
            for(int i=0;i<n;i++) {                  //输入 a
                for(int j=0;j<m;j++)
                    a[i][j]=fin.nextInt();
            }
            for(int i=0;i<m;i++) {                  //输入 b
                for(int j=0;j<p;j++)
                    b[i][j]=fin.nextInt();
            }
            for(int i=0;i<n;i++) {                  //输入 c
                for(int j=0;j<p;j++)
                    c[i][j]=fin.nextInt();
            }
            for(int i=0;i<m;i++) {                  //求出 b 的每行元素的和
                b_row[i]=0;
                for(int j=0;j<p;j++)
                    b_row[i]+=b[i][j];
            }
            for(int i=0;i<n;i++) {                  //求出 c 的每行元素的和
                c_row[i]=0;
                for(int j=0;j<p;j++)
                    c_row[i]+=c[i][j];
            }
            int i;
            for(i=0;i<n;i++) {                      //找出错行 i
                int tmp=0;
                for(int j=0;j<m;j++)
                    tmp+=a[i][j] * b_row[j];
                if(tmp!=c_row[i]) break;
            }
            if(i==n)                                //没有错误
                System.out.println("Yes");
            else {
                System.out.println("No");           //第 i 行错误
                for(int j=0;j<p;j++) {
                    int res=0;
                    for(int k=0;k<m;k++)
```

```
                res+=a[i][k]*b[k][j];
            if(res!=c[i][j]){
                System.out.printf("%d %d\n",i+1,j+1);
                System.out.println(res);
                break;
            }
        }
    }
}
```

上述程序的执行时间为 17 266ms,执行空间为 17 368KB。

2. POJ3233——矩阵幂序列问题

时间限制：3000ms；空间限制：131 072KB。

问题描述：给定一个 $n \times n$ 的矩阵 A 和一个正整数 k，求 $S = A + A^2 + A^3 + \cdots + A^k$。

输入格式：输入只包含一个测试用例。第一行输入包含 3 个正整数 $n(n \leqslant 30)$、$k(k \leqslant 10^9)$ 和 $m(m < 10^4)$。然后跟随 n 行,每行包含 n 个小于 32 768 的非负整数,以行序优先给出 A 的元素。

输出格式：以 A 的方式输出 S,每个元素模 m。

输入样例：

```
2 2 4
0 1
1 1
```

输出样例：

```
1 2
2 3
```

解：采用二维数组 A 存放输入的 $n \times n$ 的矩阵,利用快速幂方法求解。按如下方式构造 $2n \times 2n$ 的矩阵 a：

$$a = \begin{bmatrix} A & 0 \\ I & I \end{bmatrix}$$

其中, I 为 $n \times n$ 的单位矩阵。

令 $S_h = I + A + A^2 + \cdots + A^{k-2} + A^{k-1}$ (k 为总项数),则 $S_{k-1} = I + A + A^2 + \cdots + A^{k-2}$。
所以有 $S_k = A^{k-1} + S_{k-1}$,这样：

$$\begin{bmatrix} A^k \\ S_k \end{bmatrix} = \begin{bmatrix} A & 0 \\ I & I \end{bmatrix} \times \begin{bmatrix} A^{k-1} \\ S_{k-1} \end{bmatrix} = \begin{bmatrix} A & 0 \\ I & I \end{bmatrix} \times \begin{bmatrix} A & 0 \\ I & I \end{bmatrix} \times \begin{bmatrix} A^{k-2} \\ S_{k-2} \end{bmatrix} = \begin{bmatrix} A & 0 \\ I & I \end{bmatrix}^2 \times \begin{bmatrix} A^{k-2} \\ S_{k-2} \end{bmatrix}$$

以此类推：

$$\begin{bmatrix} A^k \\ S_k \end{bmatrix} = \begin{bmatrix} A & 0 \\ I & I \end{bmatrix}^k \times \begin{bmatrix} A^0 \\ S_0 \end{bmatrix}$$

而 $A^0 = I$, $S_0 = 0$,所以有

$$\begin{bmatrix} A^k \\ S_k \end{bmatrix} = \begin{bmatrix} A & 0 \\ I & I \end{bmatrix}^k \times \begin{bmatrix} I \\ 0 \end{bmatrix} = a^k$$

现在需要求 $S = A + A^2 + A^3 + \cdots + A^k$，发现有关系 $S = S_{k+1} - I$，因此只需要求出 $a = a^{k+1}$，再取出 a 的左下角的 $n \times n$ 矩阵减 I 的结果得到 S。求 a^{k+1} 与《教程》中的例 6.4 相同。

对应的 AC 程序如下：

```java
import java.util.Scanner;
public class Main {
    static int MAXN=31;
    static int n,k,m;
    public static int[][] mult(int[][] a,int[][] b) {       //返回矩阵 a 和 b 相乘的矩阵
        int n=a.length;
        int[][] c=new int[n][n];
        for(int i=0;i<n;i++) {
            for(int j=0;j<n;j++) {
                for(int k=0;k<n;k++)
                    c[i][j] += (a[i][k] * b[k][j]) % m;
                c[i][j] %= m;
            }
        }
        return c;
    }
    public static int[][] pow(int[][] a,int k) {            //返回 a^k 的矩阵
        int n=a.length;
        int[][] ans=new int[n][n];                          //建立 ans 矩阵
        for(int i=0;i<n;i++)                                //置 ans 为单位矩阵
            ans[i][i]=1;
        int[][] base=new int[n][n];                         //建立 base 矩阵
        for(int i=0;i<n;i++) {                              //置 base=a
            for(int j=0;j<n;j++)
                base[i][j]=a[i][j];
        }
        while(k!=0) {
            if((k&1)==1)                                    //遇到二进制位 1
                ans=mult(ans,base);
            base=mult(base,base);                           //倍乘
            k>>=1;                                          //右移一位
        }
        return ans;
    }
    public static void main(String[] args) {
        Scanner fin = new Scanner(System.in);
        n = fin.nextInt();
        k = fin.nextInt();
        m = fin.nextInt();
        int[][] a=new int[2*MAXN][2*MAXN];
        for(int i=0;i<n;i++)
            for(int j=0;j<n;j++)
                a[i][j]=fin.nextInt();
        a[n+i][i]=a[n+i][n+i]=1;
```

```
                a=pow(a,k+1);                      //求出 I+a+a^2+...+a^k
                for(int i=0;i<n;i++){
                    for(int j=0;j<n;j++){
                        int e=a[n+i][j]%m;
                        if(i==j)
                            e=(e+m-1)%m;           //减去 I
                        if(j==n-1)
                            System.out.printf("%d\n",e);
                        else
                            System.out.printf("%d ",e);
                    }
                }
            }
        }
```

上述程序的执行时间为 3204ms,执行空间为 5444KB。

3.7 第7章 树和二叉树

1. HDU1710——二叉树的遍历

时间限制:1000ms;空间限制:32 768KB。

问题描述:二叉树是一组有限的顶点,或者为空或者由根 r 和两个不相交的子二叉树组成,称为左右子树。它有 3 种最重要的遍历结点方式,即先序、中序和后序遍历。令 T 为由根 r 和子树 $T1$、$T2$ 组成的二叉树,在 T 的先序遍历中,先访问根 r,然后先序遍历 $T1$,最后先序遍历 $T2$;在 T 的中序遍历中,先中序遍历 $T1$,然后访问根 r,最后中序遍历 $T2$;在 T 的后序遍历中,先后序遍历 $T1$,然后后序遍历 $T2$,最后访问 r。

现在给出一棵二叉树的先序遍历序列和中序遍历序列,试着找出它的后序遍历序列。

输入格式:输入包含几个测试用例。每个测试用例的第一行包含一个整数 $n(1 \leqslant n \leqslant 1000)$,即二叉树的结点数,后面跟着两行,分别表示先序遍历序列和中序遍历序列,可以假设它们唯一构造一棵二叉树。

输出格式:对于每个测试用例,打印一行指定相应的后序遍历序列。

输入样例:

```
9
1 2 4 7 3 5 8 9 6
4 7 2 1 8 5 9 3 6
```

输出样例:

```
7 4 2 8 9 5 6 3 1
```

解:采用《教程》中的定理 7.1 对应的算法构造出根结点为 root 的二叉链,再后序遍历产生 ans,最后输出 ans。对应的 AC 程序如下:

```java
import java.util.*;
import java.util.Scanner;
class BTNode {                                          //二叉链中的结点类
    int data;                                           //数据元素值
    BTNode lchild;                                      //指向左孩子结点
    BTNode rchild;                                      //指向右孩子结点
    public BTNode() {                                   //默认构造方法
        lchild=rchild=null;
    }
    public BTNode(int d) {                              //重载构造方法
        data=d;
        lchild=rchild=null;
    }
}
public class Main {
    final static int MAXN=1005;
    static int[] ans=new int[MAXN];
    static int k;                                       //ans[0..k-1]为后序遍历序列
    public static BTNode CreateBT1(int[] pre,int[] in,int n) {
        //先序序列 pre 和中序序列 in 构造二叉链
        return CreateBT11(pre,0,in,0,n);
    }
    private static BTNode CreateBT11(int[] pre,int i,int[] in,int j,int n) {
        BTNode t;
        int d,p,k;
        if(n<=0) return null;
        d=pre[i];
        t=new BTNode(d);                                //创建二叉树结点 t,其值为先序序列的首元素 d
        p=j;                                            //p 结点指向中序序列的开始元素
        while(p<j+n) {                                  //在中序序列中找等于 d 的位置 k
            if(in[p]==d) break;                         //在 in 中找到后退出循环
            p++;                                        //p 结点指向中序序列的下一个元素
        }
        k=p-j;                                          //确定根结点在 in 中的位置
        t.lchild=CreateBT11(pre,i+1,in,j,k);            //递归构造左子树
        t.rchild=CreateBT11(pre,i+k+1,in,p+1,n-k-1);    //递归构造右子树
        return t;
    }
    public static void PostOrder(BTNode root) {         //后序遍历产生 ans
        if(root!=null) {
            PostOrder(root.lchild);
            PostOrder(root.rchild);
            ans[k]=root.data; k++;
        }
    }
    public static void main(String[] args) {
        Scanner fin = new Scanner(System.in);
        int n;
        int[] pre=new int[MAXN];
        int[] in=new int[MAXN];
        BTNode root;
        while(fin.hasNext()) {
            n=fin.nextInt();
            for(int i=0;i<n;i++)
```

```
            pre[i]=fin.nextInt();
        for(int i=0;i<n;i++)
            in[i]=fin.nextInt();
        root=CreateBT1(pre,in,n);
        k=0;
        PostOrder(root);
        for(int i=0;i<k-1;i++)
            System.out.print(ans[i]+" ");
        System.out.println(ans[k-1]);
        }
    }
}
```

上述程序的执行时间为530ms,执行空间为13 832KB。

2. HDU1622——二叉树的层次遍历

时间限制：2000ms；空间限制：65 536KB。

问题描述：树是计算机科学领域的基础。目前最先进的并行计算机如 Thinking Machines'CM-5 都是以胖树为基础的。在计算机图形学中常用到四叉树和八叉树。

此问题涉及构建和遍历二叉树。给定一系列二叉树,试着编写一个程序来输出每棵树的层次遍历序列。在该问题中二叉树的每个结点包含一个正整数,并且所有二叉树的结点个数少于256。

在树的层次遍历中,按从左到右的顺序输出一层的所有结点值,并且层次 k 的所有结点在层次 $k+1$ 的所有结点之前输出。例如,如图3.7所示的一棵二叉树的层次遍历序列是 5,4,8,11,13,4,7,2,1。

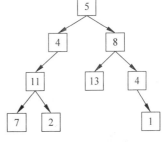

图3.7 一棵二叉树

在这个问题中,二叉树由(n,s)对序列指定,其中 n 是结点值,s 是从根结点到该结点的路径,路径是由 L 和 R 构成的序列,其中 L 表示左分支,R 表示右分支。在图3.7所示的树中,13结点由(13,RL)指定,2结点由(2,LLR)指定,根结点由(5,)指定。空字符串表示从根到自身的路径。如果树中所有根结点路径上的每个结点都只给出一次值(所有结点值不重复),则认为该二叉树是完全指定的。

输入格式：输入是如上所述的二叉树序列,序列中的每棵树由如上所述的若干(n,s)对组成,中间用空格分隔。每棵树中的最后是(),左、右括号之间没有空格。所有结点都包含正整数,输入中的每棵树将包含至少一个结点且不超过256个结点。输入由文件结束终止。

输出格式：对于输入中每个完全指定的二叉树,应输出该树的层次遍历序列。如果未完全指定,即树中的某个结点未给定值或结点被赋予多于一次的值,则应输出字符串"not complete"。

输入样例：

(11,LL) (7,LLL) (8,R)
(5,) (4,L) (13,RL) (2,LLR) (1,RRR) (4,RR) ()
(3,L) (4,R) ()

输出样例:

```
5 4 8 11 13 4 7 2 1
not complete
```

解：本题对于每个测试用例，由所有(n,s)序列构造二叉树的二叉链存储结构，根结点为 root，在构造正确的情况下检查是否所有结点均有值，如果是，则输出其层次遍历序列，否则输出"not complete"。详细设计见代码中的注释信息。对应的 AC 程序如下：

```java
import java.util.*;
import java.util.Scanner;
class BTNode {                                      //二叉链中的结点类
    int data;                                       //数据元素的值
    BTNode lchild;                                  //指向左孩子结点
    BTNode rchild;                                  //指向右孩子结点
    public BTNode() {                               //默认构造方法
        lchild=rchild=null;
    }
    public BTNode(int d) {                          //重载构造方法
        data=d;
        lchild=rchild=null;
    }
}
public class Main {
    public static void main(String[] args) {
        Scanner fin = new Scanner(System.in);
        String s;
        int n,i,cnt,k;
        boolean flag;                               //表示该二叉树是否为完全指定的
        BTNode root,p,q;
        int[] ans=new int[300];
        while(fin.hasNext()) {
            s=fin.next();                           //处理一个(n,s)
            cnt=1;                                  //累计(n,s)的个数
            flag=true;
            if(s.length()==2 && s.charAt(0)=='(' && s.charAt(1)==')') {
                System.out.println("not complete"); //本测试用例只有一个"()"
                continue;
            }
            root=new BTNode(-1);                    //创建根结点
            p=root;
            while(true) {                           //处理(n,s)
                if(s.length()==2 && s.charAt(0)=='(' && s.charAt(1)==')')
                    break;                          //遇到结尾"()"，退出循环处理
                p=root;                             //从根结点开始查找路径上的末尾结点
                if(flag) {
                    for(i=0;i<s.length();i++) {
                        if(s.charAt(i)=='L') {      //遇到 L
                            if(p.lchild!=null)      //左孩子结点已经建立
                                p=p.lchild;         //移到该左孩子结点
                            else {                  //左孩子结点没有建立
                                q=new BTNode(-1);
```

```
                    p.lchild=q;                    //建立左孩子结点(初始值均为-1)
                    p=q;
                }
            }
            else if(s.charAt(i)=='R') {             //遇到 R
                if(p.rchild!=null)                  //右孩子结点已经建立
                    p=p.rchild;                     //移到该右孩子结点
                else {                              //右孩子结点没有建立
                    q=new BTNode(-1);
                    p.rchild=q;                     //建立左孩子结点(初始值均为-1)
                    p=q;
                }
            }
        }
        n=0;
        for(int j=1;j<s.length();j++) {             //取结点整数值 n
            if(s.charAt(j)>='0' && s.charAt(j)<='9')
                n=n*10+(s.charAt(j)-'0');
        }
        if(p.data==-1) p.data=n;                    //置路径末尾的结点值为 n
        else flag=false;                            //出现重复结点值,错误
        s=fin.next();                               //继续读入下一个(n,s)
        cnt++;                                      //(n,s)的个数增1
    }
    if(root.data==-1) flag=false;                   //处理完所有(n,s)后根结点没有值,错误
    k=0;                                            //层次序列 ans 的下标
    if(flag) {                                      //处理所有(n,s)后进行存储遍历
        Queue<BTNode> qu=new LinkedList<BTNode>();
        qu.offer(root);                             //根结点进队
        while(!qu.isEmpty()) {                      //队不空时循环
            p=qu.poll();                            //出队一个结点
            if(p.data!=-1)                          //有效的已经有值的结点
                ans[k++]=p.data;                    //添加到 ans 中
            if(p.lchild!=null)                      //有左孩子时
                qu.offer(p.lchild);                 //左孩子结点进队列
            if(p.rchild!=null)                      //有右孩子时
                qu.offer(p.rchild);                 //右孩子结点进队列
        }
    }
    if(k==cnt-1 && flag) {                          //访问全部结点,正确
        for(i=0;i<k-1;i++)                          //输出层次遍历结果
            System.out.print(ans[i]+" ");
        System.out.println(ans[k-1]);
    }
    else System.out.println("not complete");        //错误
}
```

上述程序的执行时间为312ms,执行空间为9392KB。

3. POJ2499——二叉树问题

时间限制：1000ms；空间限制：65 536KB。

问题描述：二叉树是计算机科学中常见的数据结构。在本问题中将看到一棵非常大的

二叉树,其中结点包含一对整数,树的构造如下:

(1) 根包含整数对(1,1)。

(2) 如果一个结点包含(a,b),则其左孩子结点包含$(a+b,b)$,右孩子结点包含$(a,a+b)$。

该问题是给定上述二叉树的某个结点的内容(a,b),假设沿着最短的路径从树根行走到给定结点,能否知道需要经过左孩子的个数(走左路步数)和右孩子的个数(走右路步数)。

输入格式:第一行包含场景个数。每个场景由一行构成,包含两个整数 i 和 $j(1 \leqslant i, j \leqslant 2 \times 10^9)$ 的结点(i,j),可以假设这是上述二叉树中的有效结点。

输出格式:每个场景的输出都以"Scenario #i:"行开头,其中 i 是从 1 开始的场景编号。然后输出包含两个数字 l 和 r 的单行(用空格分隔),其中 l 和 r 分别表示从树根遍历到输入的结点需要经过的左、右孩子的个数,在每个场景后输出一个空行。

输入样例:

```
3
42 1
3 4
17 73
```

输出样例:

```
Scenario #1:
41 0

Scenario #2:
2 1

Scenario #3:
4 6
```

解:二叉树结构如图 3.8(a)所示。对于给定的结点(a,b),从该结点向根结点(1,1)反向搜索路径,l、r 分别记录走左路和右路的步数(初始时均为 0)。实际上在二叉树中除了根结点外,任何结点的两个整数是不相同的。

(a) 二叉树结构　　(b) $a>b$ 的情况　　(c) $a<b$ 的情况

图 3.8　二叉树结构和两种走法

(1) 若 $a>b$,先走左路,走一步到达$(a-b,b)$,如图 3.8(b)所示。若 $a-b>b$,再走一步到达$(a-2b,b)$,以此类推,可以走 a/b 步,这样一次性走完,即置 $l+=a/b, a-=b*(a/b)$。

(2) 若 $a<b$,先走右路,走一步到达$(a,b-a)$,如图 3.8(c)所示。同样一次性走完,即置 $r+=b/a, b-=a*(b/a)$。

(3) 考虑 $a=1$ 或者 $b=1$ 的特殊情况。$a=1$ 时只走右路 $b-1$ 步到达根结点(1,1),置 $r+=b-1$;$b=1$ 时只走左路 $a-1$ 步到达根结点(1,1),置 $l+=a-1$。

对应的 AC 程序如下：

```java
import java.util.*;
import java.util.Scanner;
public class Main {
    static int l,r;
    public static void Travel(int a,int b) {
        while(a!=1 || b!=1) {                    //搜索到(1,1)为止
            if(a==1) {                           //a为1,则只走右路
                r+=b-1;                          //走右路的步数为b-1到达(1,1)
                break;
            }
            if(b==1) {                           //a为1,则只走左路
                l+=a-1;                          //走左路的步数为a-1到达(1,1)
                break;
            }
            if(a>b) {                            //a>b时先走左路
                l+=a/b;
                a-=b*(a/b);
            }
            else {                               //a<b时先走右路
                r+=b/a;
                b-=a*(b/a);
            }
        }
    }
    public static void main(String[] args) {
        Scanner fin=new Scanner(System.in);
        int n,a,b;
        n=fin.nextInt();
        for(int i=1;i<=n;i++) {
            a=fin.nextInt();
            b=fin.nextInt();
            l=r=0;
            Travel(a,b);
            System.out.println("Scenario #"+i+":");
            System.out.println(l+" "+r);
            System.out.println();
        }
    }
}
```

上述程序的执行时间为 250ms，执行空间为 3536KB。

4. POJ3253——围栏修复问题

时间限制：2000ms；空间限制：65 536KB。

问题描述：农夫约翰想修牧场周围的一小部分篱笆，他测量围栏发现需要 n 块($1 \leqslant n \leqslant 20\,000$)木板，每块木板都有一个整数长度 Li($1 \leqslant Li \leqslant 50\,000$)。然后他购买了一块足够长的木板(即其长度为所有长度 Li 的总和)。约翰忽略了"切口"，当用切割锯切时木屑损失了额外的长度，你也应该忽略它。约翰遗憾地意识到他没有切割木头的锯子，所以他带上这个木板去农民唐的农场，礼貌地问他是否可以借用锯子。

唐并没有向约翰免费提供锯子，而是向约翰收取 $n-1$ 次切割的费用，切割一块木头的费用与其长度完全相同，例如切割长度为 21 的木板需要 21 美分。

唐让约翰决定切割木板的顺序和位置。请帮助约翰确定切割成 n 块木板的最低费用。约翰知道他可以以各种不同的顺序切割木板，这将导致不同的费用，因为所得到的中间木板有不同的长度。

输入格式：第一行是一个整数 n，表示木板的数量，第 $2\sim n+1$ 行中每行包含一个描述所需木板长度的整数。

输出格式：一个整数表示约翰切割 $n-1$ 次的最低费用。

输入样例：

```
3
8
5
8
```

输出样例：

```
34
```

提示：他想把一块长度为 21 的板子切成 3 块长度分别为 8、5 和 8 的木板。初始板子的长度为 $8+5+8=21$。第一次切割将花费 21 美分，应该是将板子切割成 13 和 8。第二次切割将花费 13 美分，应该是将 13 的木板切割成 8 和 5。这将花费 $21+13=34$ 美分。如果将 21 切割成 16 和 5，则第二次切割将花费 16 美分，总共 37 美分（超过 34 美分）。

解：要使总费用最少，那么每次只选取长度最小的两块木板相加，再把这些和累加到总费用中即可。实际上是按哈夫曼树方式求解，对于样例，构造的哈夫曼树如图 3.9 所示，切割过程从上到下。

图 3.9 一棵哈夫曼树

对应的 AC 程序如下：

```java
import java.lang.*;
import java.util.*;
import java.util.Scanner;
public class Main {
    public static void main(String[] args) {
        Scanner fin=new Scanner(System.in);
        PriorityQueue<Integer> pq=new PriorityQueue<Integer>();   //定义优先队列(小根堆)
        int n,x,a,b;
        while(fin.hasNext()) {
            pq.clear();
            n=fin.nextInt();
            for(int i=0;i<n;i++) {                                //输入木板长度并进队
                x=fin.nextInt();
                pq.offer(x);
            }
            long ans=0;                                           //采用 int 类型会溢出
            while(pq.size()>1) {                                  //按哈夫曼树的方式求 ans
```

```
                    a=pq.poll();                          //出队 a
                    b=pq.poll();                          //出队 b
                    pq.offer(a+b);                        //将 a+b 进队
                    ans+=(a+b);                           //累计到 ans
                }
                System.out.println(ans);                  //输出结果
            }
        }
    }
```

上述程序的执行时间为 1813ms，执行空间为 5608KB。

5. POJ1308——是否为一棵树问题

时间限制：1000ms；空间限制：10 000KB。

问题描述：树是众所周知的数据结构，它或者是空的（null、void、nothing），或者是由满足以下特性的结点之间的有向边连接的一个或多个结点的集合，即只有一个结点，称为根，没有有向边指向它；除根之外的每个结点都只有一个指向它的边，从根到每个结点有一个有向边序列。例如，如图 3.10 所示的图，结点由圆圈表示，边由带箭头的线条表示。其中前两个是树，但最后一个不是。

图 3.10　几个图

在本问题中给出有向边连接的结点集合，对于每个数据，要确定它是否满足树的定义。

输入格式：输入包含多个测试用例，以一对负整数结束。每个测试用例包含一个边序列，以一对零结束。每个边由一对整数组成，第一个整数表示边的开始结点，第二个整数表示边的终点。结点编号始终大于零。

输出格式：对于每个测试用例，显示"Case k is tree." 或者"Case k is not a tree."，其中 k 对应测试用例编号（它们从 1 开始按顺序编号）。

输入样例：

```
6 8  5 3  5 2  6 4
5 6  0 0
8 1  7 3  6 2  8 9  7 5
7 4  7 8  7 6  0 0
3 8  6 8  6 4
5 3  5 6  5 2  0 0
-1 -1
```

输出样例：

```
Case 1 is a tree.
Case 2 is a tree.
Case 3 is not a tree.
```

解：该问题就是对于每个测试用例判断它是不是一棵树,采用并查集来求解。

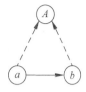

图 3.11 不是一棵树的情况

在题目中并没有给出结点个数,设置最多结点个数 MAXN 为 105,采用一个数组 vis 存放所有存在的结点(初始化为 0,当存在结点 i 时置 vis$[i]$=1)。

在输入一条有向边(a,b)时,若 a 和 b 以前同属一个子树(具有相同的根结点),表示不再是一棵树,图 3.11 说明不是一棵树的情况(虚线表示存在一条路径),因为结点 a 有两个双亲结点；否则将 a 和 b 所属子树合并。

当一个测试用例输入完毕后还需要判断整个并查集是不是只有一个根结点。遍历 vis 数组,求出 vis$[i]$==1 && father$[i]$=i 的结点个数 num(即根结点个数),如果 num≥2,则不是一棵树。

对应的 AC 程序如下：

```java
import java.lang.*;
import java.util.*;
import java.util.Scanner;
public class Main {
    final static int MAXN=105;
    static int[] parent=new int[MAXN+1];      //并查集的存储结构
    static int[] rank=new int[MAXN+1];         //存储结点的秩
    static int[] vis=new int[MAXN+1];          //结点集合
    static int n=MAXN;                          //结点的个数
    public static void Init() {                 //并查集的初始化
        for(int i=1;i<=n;i++) {
            parent[i]=i;
            rank[i]=0;
        }
    }
    public static int Find(int x) {             //查找 x 结点的根结点
        if(x!=parent[x])
            parent[x]=Find(parent[x]);          //路径压缩
        return parent[x];
    }
    public static void Union(int x,int y) {     //x 和 y 的两个集合的合并
        int rx=Find(x);
        int ry=Find(y);
        if(rx==ry)                              //x 和 y 属于同一棵树的情况
            return;
        if(rank[rx]<rank[ry])
            parent[rx]=ry;                      //rx 结点作为 ry 的孩子
        else {
            if(rank[rx]==rank[ry])              //秩相同,合并后 rx 的秩增 1
                rank[rx]++;
            parent[ry]=rx;                      //ry 结点作为 rx 的孩子
        }
    }
    public static void main(String[] args) {
        Scanner fin=new Scanner(System.in);
        int cas=1;                              //测试用例的个数
        boolean flag=false;                     //外循环是否结束
        while(true) {                           //外循环处理所有测试用例
```

```
            int a,b;
            boolean OK=true;                    //一个测试用例是否为一棵树
            Init();
            for(int i=0;i<n;i++)                //初始化元素为0
                vis[i]=0;
            while(true) {                       //内循环处理一个测试用例
                a=fin.nextInt();
                b=fin.nextInt();
                if(a==0 && b==0) break;         //一个测试用例输入结束
                if(a==-1 && b==-1) {            //输入全部结束
                    flag=true;
                    break;
                }
                vis[a]=1;
                vis[b]=1;
                if(Find(a)!=Find(b) && OK)      //a、b不属于同一个子集
                    Union(a,b);
                else {                          //a、b属于同一个子集,肯定不是树
                    OK=false;
                    continue;                   //需要继续输入其他边
                }
            }
            if(flag) break;                     //输入全部结束,退出外循环
            int num=0;
            for(int i=1;i<=n;i++) {             //求根结点的个数
                if(vis[i]==1 && parent[i]==i) num++;
                if(num>=2) OK=false;
            }
            if(OK)
                System.out.printf("Case %d is a tree.\n",cas);
            else
                System.out.printf("Case %d is not a tree.\n",cas);
            cas++;
        }
    }
}
```

上述程序的执行时间为188ms,执行空间为3160KB。

本题算法的两点说明如下。

(1) 当已经确定一个测试用例不是树时,接受输入并不能立即结束,还需要接受其他所有边数据,直到当前测试用例的所有边输入完为止,否则在线编程环境检测会出现错误。

(2) 本题判断一个测试用例是否为一棵树,当有多个根结点时不是一棵树。如果采用这样的判断:求出一个存在结点 i 的根结点 root,再对其他存在的结点 j 求 Find(j),若 root≠Find(j),则不是一棵树。这样做不如上述算法的效率高。

3.8 第8章 图

1. POJ1985——求最长路径长度问题

时间限制:2000ms;空间限制:30 000KB。

问题描述:在听说美国肥胖流行之后,农夫约翰希望他的奶牛能够做更多运动,因此他

为他的奶牛提交了马拉松申请,马拉松路线包括一系列农场对和它们之间的道路组成的路径。由于约翰希望奶牛尽可能多地运动,他想在地图上找到彼此距离最远的两个农场(距离是根据两个农场之间的道路的总长度来衡量的)。请帮助他确定这对最远的农场之间的距离。

输入格式:第一行是两个以空格分隔的整数 n 和 m;接下来的第二行到第 $m+1$ 行,每行包含 4 个以空格分隔的元素 x、y、w 和 d 来描述一条道路,其中 x 和 y 是一条长度为 w 的道路相连的两个农场的编号,d 是字符'N'、'E'、'S'或'W',表示从 x 到 y 的道路的方向。

输出格式:给出最远的一对农场之间距离的整数。

输入样例:

```
7 6
1 6 13 E
6 3 9 E
3 5 7 S
4 1 3 N
2 4 20 W
4 7 2 S
```

输出样例:

```
52
```

提示:样例中的最长马拉松路线是从 2 经过 4、1、6、3 到达 5,长度为 $20+3+13+9+7=52$。

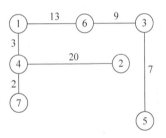

图 3.12 样例对应的农场地图

解:马拉松路线一定是简单路径,实际上是一棵带权无向树(作为带权无向图处理),样例中的树如图 3.12 所示,题目就是求两个顶点之间的最大长度(从树角度看,这两个顶点一定都是叶子结点),称为求树的直径。图中顶点编号是 $1\sim n$。

采用遍历的方式求解,假设树直径的两个顶点是 u 和 v(假设这样的顶点唯一),先从任意一个顶点 x 出发通过遍历求出最远的顶点 p(即顶点 x 到 p 的路径长度最大),那么顶点 p 一定是 u 或者 v 中的一个顶点,再从顶点 p 出发通过遍历求出最远的另外一个顶点,其中的路径长度就是树的直径。遍历方式可以采用深度优先或者广度优先,这里采用广度优先遍历,遍历中累加路径长度并求最长路径长度 ans。对应的 AC 程序如下:

```java
import java.lang.*;
import java.util.*;
import java.util.Scanner;
class ENode {                              //边数组元素类
    int v;                                 //邻接点
    int w;                                 //边权值
    int next;                              //下一条边
    ENode(int v,int w) {                   //构造方法
        this.v=v;
```

```java
        this.w=w;
    }
}
public class Main {
    static int MAXV=40005;
    static int toll;
    static int[] visited=new int[MAXV];
    static int[] dis=new int[MAXV];               //存放路径长度
    static int ans;                                //存放结果
    static int n,m;                                //存放顶点个数和边数
    static int[] head=new int[MAXV];
    static ENode[] edge=new ENode[MAXV*2];
    static void addEdge(int u,int v,int w) {       //无向图添加<u,v>和<v,u>
        edge[toll]=new ENode(v,w);                 //添加边<u,v,w>
        edge[toll].next=head[u];
        head[u]=toll++;
        edge[toll]=new ENode(u,w);                 //添加边<v,u,w>
        edge[toll].next=head[v];
        head[v]=toll++;
    }
    static int BFS(int x) {                        //从顶点x出发广度优先遍历
        Arrays.fill(visited,0);
        Arrays.fill(dis,0);
        Queue<Integer> qu=new LinkedList<Integer>();
        visited[x]=1;
        qu.offer(x);
        int p=0;
        while(!qu.isEmpty()) {
            int u=qu.poll();
            if(dis[u]>ans) {                       //求距离顶点x最大距离的顶点p
                ans=dis[u];
                p=u;
            }
            for(int e=head[u];e!=-1;e=edge[e].next) {
                int v=edge[e].v;
                int w=edge[e].w;
                if(visited[v]==0) {
                    visited[v]=1;
                    dis[v]=dis[u]+w;
                    qu.offer(v);
                }
            }
        }
        return p;
    }
    public static void main(String[] args) {
        Scanner fin=new Scanner(System.in);
        int x,y,w;
        String d;
        Arrays.fill(head,-1);
        toll=0;
        n=fin.nextInt();
        m=fin.nextInt();
```

```
        for(int i=1;i<=m;i++) {
            x=fin.nextInt();
            y=fin.nextInt();
            w=fin.nextInt();
            d=fin.next();
            addEdge(x,y,w);
        }
        ans=0;
        int p=BFS(1);
        ans=0;
        BFS(p);                                      //从顶点 p 出发查找最大路径长度
        System.out.println(ans);
    }
}
```

上述程序的执行时间为 3782ms,执行空间为 8220KB。

2. HDU4514——求风景线的最大长度问题

时间限制:6000ms;空间限制:65 535KB。

问题描述:随着杭州西湖的知名度的进一步提升,园林规划专家湫湫希望设计出一条新的经典观光线路,根据领导马小腾的指示,新的风景线最好能建成环形,如果没有条件建成环形,那就越长越好。

现在已经勘探确定了 n 个位置可以用来建设,在它们之间也勘探确定了 m 条可以设计的线路以及长度。请问是否能够建成环形的风景线? 如果不能,风景线最长能够达到多少? 其中,可以兴建的线路均是双向的,它们之间的长度均大于 0。

输入格式:测试数据有多组,每组测试数据的第一行有两个数字 n 和 m,其含义参见问题描述,接下来的 m 行,每行 3 个数字 u、v 和 w,分别代表这条线路的起点、终点和长度,有 $n \leqslant 100\,000, m \leqslant 1\,000\,000, 1 \leqslant u,v \leqslant n, w \leqslant 1000$。

输出格式:对于每组测试数据,如果能够建成环形(并不需要连接上全部的风景点),那么输出 YES,否则输出最长的长度,每组数据输出一行。

输入样例:

```
3 3
1 2 1
2 3 1
3 1 1
```

输出样例:

```
YES
```

解:本题就是给一个无向图,顶点编号为 $1 \sim n$,如果图中存在回路就输出 YES,否则求出图中的最长路径(树的直径)。

首先用并查集或深度优先遍历判断是否有回路(若采用深度优先遍历判断是否有回路,Java 语言会超时,而用 C++语言不会超时),如果有回路,输出 YES,否则求图中的最长路径。

此时图是一个森林,为了求森林中的最长路径,需要对每棵子树采用上一个在线编程题中求直径的方法,在所有的直径 max 中求最大值 ans,最后输出 ans。

对应的 AC 程序如下:

```java
import java.lang.*;
import java.util.*;
import java.util.Scanner;
class ENode {                                           //边数组元素类
    int v;                                              //邻接点
    int w;                                              //边权值
    int next;                                           //下一条边
    ENode(int v,int w) {                                //构造方法
        this.v = v;
        this.w = w;
    }
}
public class Main {
    static int MAXV=100100;
    static int MAXE=1000100;
    static int toll;
    static int[] father=new int[MAXV];                  //并查集的存储结构
    static int[] rank=new int[MAXV];                    //秩
    static int n,m;
    static int head[]=new int[MAXV];
    static ENode edge[]=new ENode[MAXE];
    static void Init() {                                //初始化
        for(int i=1;i<=n;i++)
            father[i]=i;
        Arrays.fill(rank,1);
        toll=0;
        Arrays.fill(head,-1);
    }
    static int Find(int x) {                            //并查集的查找
        if(father[x]==x) return x;
        father[x]=Find(father[x]);
        return father[x];
    }
    static void Union(int ra,int rb) {                  //并查集的合并
        if(rank[ra]>rank[rb])
            father[rb]=ra;
        else {
            if(rank[ra]==rank[rb])
                rank[rb]++;
            father[ra]=rb;
        }
    }
    static int visited[]=new int[MAXV];
    static int max=0,vert;
    static int record[]=new int[MAXV];
    static void DFS(int u, int dis) {                   //DFS 遍历
        visited[u]=1;
        record[u]=1;
```

```java
        if(max<dis) {
            vert=u;
            max=dis;
        }
        for(int e=head[u];e!=-1;e=edge[e].next) {
            int v=edge[e].v;
            if(visited[v]==0)
                DFS(v,dis+edge[e].w);
        }
    }
    static void addEdge(int u,int v,int w) {           //向无向图添加<u,v>和<v,u>
        edge[toll]=new ENode(v,w);
        edge[toll].next=head[u];
        head[u]=toll++;
        edge[toll]=new ENode(u,w);
        edge[toll].next=head[v];
        head[v]=toll++;
    }
    public static void main(String[] args) {
        Scanner fin=new Scanner(System.in);
        while(fin.hasNext()) {
            n=fin.nextInt();
            m=fin.nextInt();
            int ra,rb,u,v,w;
            boolean mark=false;
            int i;
            Init();
            for(i=1;i<=m;i++) {
                u=fin.nextInt();
                v=fin.nextInt();
                w=fin.nextInt();
                ra=Find(u);
                rb=Find(v);
                if(ra==rb) {                            //存在回路
                    mark=true;
                    break;
                }
                Union(ra,rb);                           //合并
                addEdge(u,v,w);                         //添加边
            }
            for(i=i+1;i<=m;i++) {                       //中途确定有回路后还需获取其他边
                u=fin.nextInt();
                v=fin.nextInt();
                w=fin.nextInt();
            }
            if(mark)                                    //有回路的情况
                System.out.println("YES");
            else {                                      //没有回路的情况
                Arrays.fill(record,0);                  //存放结果
                int ans=0;
                for(i=1;i<=n;i++) {                     //从每个顶点出发搜索
                    if(record[i]==1) continue;          //不搜索重复的顶点
                    Arrays.fill(visited,0);
```

```
                max=0;
                DFS(i,0);                          //查找顶点i的最远顶点vert
                Arrays.fill(visited,0);
                max=0;
                DFS(vert,0);                       //查找顶点vert的最远顶点
                ans=Math.max(ans,max);
            }
            System.out.println(ans);
        }
    }
}
```

上述程序的执行时间为5959ms,执行空间为30 332KB。

3. POJ1164——城堡问题

时间限制:1000ms;空间限制:10 000KB。

问题描述:在如图 3.13 所示的城堡中"♯"表示墙,请编写一个程序,计算城堡一共有多少房间?最大的房间有多大?城堡被分割成 $m×n(m≤50,n≤50)$ 个方块,每个方块可以有 0~4 面墙。

```
            1       2       3       4       5       6       7
        # # # # # # # # # # # # # # # # # # # # # # # # # # # # #
    1   #       |       #       |       #       |       |       #
        # # # # # - - - # # # # # - - - # - - - # # # # # - - - #
    2   #       #       |       #       #       |       #       #
        # - - - # # # # # - - - # # # # # # # # # - - - # - - - #
    3   #       |       |       #       #       #       #       #
        # - - - # # # # # # # # # - - - # - - - # - - - # - - - #
    4   #       #       |       |       |       |       #       #
        # # # # # # # # # # # # # # # # # # # # # # # # # # # # #
```

图 3.13 一个城堡图

输入格式:程序从标准输入设备读入数据。第一行是两个整数,分别是南北向、东西向的方块数。在接下来的输入行里,每个方块用一个数字($0≤p≤50$)描述,1表示西墙,2表示北墙,4表示东墙,8表示南墙。每个方块的数字是其周围墙的数字之和。城堡的内墙被计算两次,方块(1,1)的南墙同时也是方块(2,1)的北墙。另外,输入的数据要保证城堡至少有两个房间。

输出格式:输出两个整数,前者表示城堡的房间数,后者表示城堡中最大房间包括的方块数。

输入样例:

```
4 7
11 6 11 6 3 10 6
7 9 6 13 5 15 5
1 10 12 7 13 7 5
13 11 10 8 10 12 13
```

输出样例:

```
5
9
```

北:2
| $i-1,j$ |

西:1 $i,j-1$ | i,j | $i,j+1$ 东:4

| $i+1,j$ |

南:8

图3.14 (i,j)方块的4个方向

解：可以把方块看作结点，相邻的两个方块之间如果没有墙，则在方块之间连接一条边，这样城堡问题就转换为一个图。求房间个数实际上就是求图中有多少个极大连通子图（连通分量），本题就是求连通分量的个数和包含方块数最多的连通分量中的方块数。

对于每个方块，其4个方向如图3.14所示，从该方块出发进行深度优先遍历，并给这个房间能够到达的所有方块染色（取相同的颜色编号），最后统计用了几种颜色（房间的数目），以及用的颜色最多的数（最大房间所包括的方块数）。

用二维数组 map 表示输入的图，先初始化颜色数组 color 的所有颜色值为0，颜色编号 RoomNum 从1开始，房间个数 RoomArea 从0开始，用 MaxArea 表示一个房间包含的最多方块数（初始时为0）。i 从1到 m、j 从1到 n 循环，若 color[i][j]=0，从(i,j)方块开始深度优先遍历，如果 color[i][j]≠0 表示该方块已经染过色，返回；否则执行 RoomArea++ 颜色数增加1，用 color[i][j]=RoomNum 设置该房间的颜色。

(1) 若(i,j)方块没有西墙，即满足(map[i][j] & 1)==0的条件，则执行 DFS($i,j-1$)。
(2) 若(i,j)方块没有北墙，即满足(map[i][j] & 2)==0的条件，则执行 DFS($i-1,j$)。
(3) 若(i,j)方块没有东墙，即满足(map[i][j] & 4)==0的条件，则执行 DFS($i,j+1$)。
(4) 若(i,j)方块没有南墙，即满足(map[i][j] & 8)==0的条件，则执行 DFS($i+1,j$)。

遍历则用 MaxArea=Math.max(MaxArea,RoomArea)语句求单个房间包含的最多方块数。对于样例，遍历完后 color 数组如下：

```
1 1 2 2 3 3 3
1 1 1 2 3 4 3
1 1 1 5 3 5 3
1 5 5 5 5 5 3
```

求得 RoomNum=5，MaxArea=9，房间颜色为1的房间最大，包含9个方块。对应的AC程序如下：

```java
import java.lang.*;
import java.util.*;
import java.util.Scanner;
public class Main {
    static int MAX=52;                              //最大行、列数
    static int[][] map=new int[MAX][MAX];           //存放方块
    static int[][] color=new int[MAX][MAX];         //方块是否染过色
    static int RoomNum=0,MaxArea=0;                 //房间数和最大方块数
    static int RoomArea;                            //当前房间的方块数
    static void DFS(int i,int j) {                  //从(i,j)查找包含它的房间
        if(color[i][j]!=0) return;                  //已经染过色，返回
        RoomArea++;                                 //颜色数增加1
```

```
            color[i][j]=RoomNum;
            if((map[i][j] & 1)==0)                    //没有西墙
                DFS(i,j-1);
            if((map[i][j] & 2)==0)                    //没有北墙
                DFS(i-1,j);
            if((map[i][j] & 4)==0)                    //没有东墙
                DFS(i,j+1);
            if((map[i][j] & 8)==0)                    //没有南墙
                DFS(i+1,j);
        }
        public static void main(String[] args) {
            Scanner fin=new Scanner(System.in);
            int m,n;
            m=fin.nextInt();
            n=fin.nextInt();
            for(int i=1;i<=m;i++) {
                for(int j=1;j<=n;j++)
                    map[i][j]=fin.nextInt();
            }
            for(int i=1;i<=m;i++) {
                for(int j=1;j<=n;j++) {
                    if(color[i][j]==0) {
                        RoomNum++;
                        RoomArea=0;                    //房间的方块数初始化为0
                        DFS(i,j);
                        MaxArea=Math.max(MaxArea,RoomArea);
                    }
                }
            }
            System.out.println(RoomNum);
            System.out.println(MaxArea);
        }
    }
```

上述程序的执行时间为875ms,执行空间为5080KB。

4. POJ1751——高速公路问题

时间限制:1000ms;空间限制:10 000KB。

问题描述:某岛国地势平坦,不幸的是高速公路系统非常糟糕,当地政府意识到了这个问题,并且已经建造了连接一些最重要城镇的高速公路,但是仍有一些城镇无法通过高速公路抵达,所以有必要建造更多的高速公路让任何两个城镇之间通过高速公路连接。

所有城镇的编号为$1\sim n$,城镇i的位置由笛卡儿坐标(x_i,y_i)给出。每条高速公路连接两个城镇。所有高速公路都直线相连,因此它们的长度等于城镇之间的笛卡儿距离。另外,所有高速公路都是双向的。

高速公路可以自由地相互交叉,但司机只能在连接高速公路的两个城镇进行切换。政府希望最大限度地降低建设新高速公路的成本,但希望保证每个城镇都能够到达。由于地势平坦,高速公路的成本总是与其长度成正比,因此最便宜的高速公路系统将是最小化总公路长度的系统。

输入格式:输入包括两部分,第一部分描述了该国的所有城镇,第二部分描述了所有已建成的高速公路。输入文件的第一行包含一个整数 $n(1 \leq n \leq 750)$，表示城镇的数量；接下来的 n 行，每行包含两个整数 xi 和 yi，由空格分隔，给出了第 i 个城镇的坐标(i 从 1 到 n)，坐标的绝对值不超过 10 000，每个城镇都有一个独特的位置；下一行包含单个整数 $m(0 \leq m \leq 1000)$，表示现有高速公路的数量；接下来的 m 行，每行包含一对由空格分隔的整数，这两个整数给出了一对已经通有高速公路的城镇的编号，每对城镇最多有一条高速公路连接。

输出格式：输出所有要新建的高速公路，每条输出一行，以便连接所有城镇，尽可能减少新建高速公路的总长度。如果不需要新建高速公路(所有城镇都已连接)，则输出为空。

输入样例：

```
9
1 5
0 0
3 2
4 5
5 1
0 4
5 2
1 2
5 3
3
1 3
9 7
1 2
```

输出样例：

```
1 6
3 7
4 9
5 7
8 3
```

解：对于给定的图采用邻接矩阵数组 mat 存储，图中顶点的编号是 $1 \sim n$，通过减 1 将顶点编号变为 $0 \sim n-1$，先按每个顶点坐标的笛卡儿距离求出 mat(由于仅仅按最小长度输出最后的边，在求笛卡儿距离时没有必要开平方根)。对于已经有高速公路连接的两个顶点 x 和 y，置 $mat[x][y] = mat[y][x] = 0$(看成权值最小的边)，在这样的图中求最小生成树即可。

这里采用 prim(普里姆)算法从顶点 0 出发求最小生成树，由于最小边的权值为 0，所以当一个顶点 k 添加到 U 集合中时置 $lowcost[k] = -1$。当找到一条最小边 $(closest[k], k)$ 时，其权值为 min，只有在 min $\neq 0$ 时它才是真正的最小生成树的一条输出边。对应的 AC 程序如下：

```java
import java.lang.*;
import java.util.*;
import java.util.Scanner;
public class Main {
    static final int INF=0x3f3f3f3f;        //表示∞
    static int n,m;
```

```java
    static int[] ax;                                    //城镇的 x 坐标
    static int[] ay;                                    //城镇的 y 坐标
    static int[][] mat;                                 //邻接矩阵
    static void Prim(int v) {                           //Prim 算法
        int[] lowcost=new int[n];
        int[] closest=new int[n];
        for(int i=1;i<n;i++)
            lowcost[i]=mat[v][i];
        lowcost[v]=-1;                                  //将顶点 v 添加到 U 中
        for(int i=1;i<n;i++) {                          //取 n-1 个顶点到 U 中
            int min=INF,k=0;
            for(int j=0;j<n;j++) {
                if(lowcost[j]!=-1&& lowcost[j]<min) {
                    min=lowcost[j];
                    k=j;
                }
            }
            if(min!=0)                                  //输出一条边
                System.out.println((closest[k]+1)+" "+(k+1));
            lowcost[k]=-1;                              //将顶点 k 添加到 U 中
            for(int j=0;j<n;j++) {
                if(lowcost[j]!=-1 && mat[k][j]<lowcost[j]) {
                    lowcost[j]=mat[k][j];
                    closest[j]=k;
                }
            }
        }
    }
    public static void main(String[] args) {
        Scanner fin=new Scanner(System.in);
        n=fin.nextInt();
        ax=new int[n];
        ay=new int[n];
        mat=new int[n][n];
        for(int i=0;i<n;i++) {                          //输入 n 个城镇
            ax[i]=fin.nextInt();
            ay[i]=fin.nextInt();
        }
        for(int i=0;i<n;i++) {                          //计算出路径矩阵
            for(int j=i;j<n;j++) {
                int dist=(ax[i]-ax[j])*(ax[i]-ax[j])+(ay[i]-ay[j])*(ay[i]-ay[j]);
                mat[i][j]=mat[j][i]=dist;
            }
        }
        m=fin.nextInt();                                //输入 m 条路径
        for(int i=0;i<m;i++) {
            int x=fin.nextInt();
            int y=fin.nextInt();
            mat[x-1][y-1]=mat[y-1][x-1]=0;              //将路径长度置为 0
        }
        Prim(0);                                        //从顶点 0 出发构造最小生成树
    }
}
```

上述程序的执行时间为4219ms,执行空间为7740KB。

5. POJ1797——重型运输问题

时间限制：3000ms；空间限制：30 000KB。

问题描述：Hugo很高兴,在Cargolifter项目失败后他现在可以扩展业务了,但他需要一个聪明的人告诉他能不能将货物运输到指定的客户并且经过的道路不超过最大承载量。他已经有了城市中所有街道和桥梁的最大承载量,但他不知道如何找到最大运输重量。

现在有城市的规划图,描述了各交叉点之间的街道(具有最大承载量),交叉点的编号为$1 \sim n$。请找到从1号(Hugo的位置)到n号(客户的位置)交叉点可以运输的最大重量,可以假设至少有一条路径。所有街道都是双向通行。

输入格式：第一行包含场景数量(城市图);对于每个城市,第二行给出街道交叉点的数量$n(1 \leqslant n \leqslant 1000)$和街道的数量$m$;以下$m$行,每行是一个整数三元组,指定街道开始和结束交叉点的编号以及允许的最大重量,它是正数且不大于1 000 000,每对交叉点之间最多只有一条街道。

输出格式：每个场景的输出以"Scenario #i:"开头,其中i是从1开始的场景编号,然后输出一行,其中包含Hugo可以为客户运输的最大重量。每个场景以一个空行表示输出结束。

输入样例：

```
1
3 3
1 2 3
1 3 4
2 3 5
```

输出样例：

```
Scenario #1:
4
```

解：题目是给定一个城市图,图中有n个街道交叉点(即n个顶点,编号为$1 \sim n$),m条道路,在每条道路上有一个承载量,现在要求从1到n的最大承载量。从1到n可能有多条路径,每条路径由多条道路构成,一条路径的承载量是该路径上的最小道路承载量,而1到n的最大承载量就是1到n的所有路径承载量的最大值。

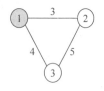

图3.15 样例的带权无向图

对于样例,$n=3$,$m=3$,该带权无向图如图3.15所示,从1到3有两条路径：

(1) 1→2→3,其中1→2的承载量为3,2→3的承载量为5,该路径的承载量=min(3,5)=3。

(2) 1→3,其中1→3的承载量为4,该路径的承载量为4。

这样,1到3的最大承载量=max(3,4)=4。

可以求出顶点1到顶点n的所有路径,对于每条路径求出其最小道路承载量,再找到这些最小道路承载量中的最大值。更高效的方法是利用Dijkstra算法,将源点v到顶点i的最短路径长度dist[i]改为从源点v到顶点i的所有路径中最小边权的最大值(最大承载量),以顶点 1 为源点,求出 dist 数组,最后返回 dist[n]即可。

对应的 AC 程序如下:

```java
import java.lang.*;
import java.util.*;
class Node {                                      //优先队列(按 dist 大根堆)中的结点类型
    int v;                                        //顶点编号
    int dist;                                     //dist[v]值
    public Node(int v,int dist) {                 //构造方法
        this.v=v;
        this.dist=dist;
    }
}
class ENode {                                     //边类
    int v;                                        //邻接点
    int w;                                        //边权值
    int next;                                     //下一条边
    ENode(int v,int w) {                          //构造方法
        this.v=v;
        this.w=w;
    }
}
public class Main {
    static final int INF=0x3f3f3f3f;              //表示∞
    static final int MAXV=1001;                   //表示最多顶点个数
    static final int MAXE=MAXV*MAXV;              //表示最多顶点个数
    static int toll;
    static int[] head=new int[MAXV];
    static ENode[] edge=new ENode[MAXE];
    static int n,m;
    static void addEdge(int u,int v,int w) {      //无向图添加<u,v>和<v,u>
        edge[toll]=new ENode(v,w);                //添加边<u,v,w>
        edge[toll].next=head[u];
        head[u]=toll++;
        edge[toll]=new ENode(u,w);                //添加边<v,u,w>
        edge[toll].next=head[v];
        head[v]=toll++;
    }
    public static int Dijkstra(int v) {           //求从 v 到其他顶点的最短路径
        Comparator<Node> dComparator              //定义 dComparator
            = new Comparator<Node>() {
            public int compare(Node o1,Node o2) { //用于创建 dist 大根堆
                return(o2.dist-o1.dist);
            }
        };
        PriorityQueue<Node> pq=new PriorityQueue<Node>(MAXV,dComparator);
        int[] dist=new int[MAXV];                 //建立 dist 数组
        int[] S=new int[MAXV];                    //建立 S 数组
        Arrays.fill(dist,0);                      //初始化 dist[i]
        Arrays.fill(S,0);
        dist[v]=INF;                              //将源点到自己的最大承载量看成∞
        pq.offer(new Node(v,dist[v]));            //将顶点 v 进队 pq
        while(!pq.isEmpty()) {                    //队不空时循环
```

```java
            Node p=pq.poll();                       //出队结点 p
            int u=p.v;                              //选取具有最大 dist 的顶点 u
            if(S[u]==1) continue;                   //跳过 S 中的顶点 u
            S[u]=1;                                 //将顶点 u 加入 S 中
            if(u==n) break;                         //找到顶点 n,结束
            for(int e=head[u];e!=-1;e=edge[e].next) {
                int v1=edge[e].v;                   //找到边<u,v1,w1>
                int w1=edge[e].w;
                if(S[v1]==0) {                      //修改不在 S 中的顶点 v1 的 dist 值
                    if(dist[v1]<Math.min(dist[u],w1)) {
                        dist[v1]=Math.min(dist[u],w1);
                        pq.offer(new Node(v1,dist[v1]));
                    }
                }
            }
        }
        return dist[n];
    }
    public static void main(String[] args) {
        Scanner fin=new Scanner(System.in);
        int t,a,b,w;
        t=fin.nextInt();
        for(int k=1;k<=t;k++) {
            Arrays.fill(head,-1);
            toll=0;
            n=fin.nextInt();
            m=fin.nextInt();
            for(int i=1;i<=m;i++) {                 //输入 m 条边的信息
                a=fin.nextInt();
                b=fin.nextInt();
                w=fin.nextInt();
                addEdge(a,b,w);
            }
            System.out.printf("Scenario #%d:\n",k); //输出结果
            System.out.printf("%d\n\n",Dijkstra(1));
        }
    }
}
```

上述程序的执行时间为 4079ms,执行空间为 22 988KB。

6. POJ1125——股票经纪人的小道消息问题

时间限制:1000ms;空间限制:10 000KB。

问题描述:众所周知,股票经纪人对谣言会反应敏感。假设你已经签约开发一种在股票经纪人中传播虚假信息的方法,以便为你的雇主提供股票市场的战术优势。为了达到最大效果,必须以最快的方式传播谣言。

不幸的是,股票经纪人只信任来自"可信来源"的信息,这意味着你必须在传播谣言时考虑他们的联系人的结构。特定的股票经纪人需要一定的时间才能将谣言传递给他的每个同事。请编写一个程序,告诉你选择哪个股票经纪人作为谣言的起点,以及谣言传播到股票经纪人社区所需的时间。该持续时间是指最后一个人接收信息所需的时间。

输入格式：程序将为不同的股票经纪人输入数据。每组都以一个包含股票经纪人数量 n 的行开头，接下来每行一个股票经纪人，其中包含与之联系的人数，这些人是谁，以及他们将消息传递给每个人所花费的时间。每个股票经纪人行的格式如下：该行以联系人数量 (m) 开头，后跟 n 对整数，每个联系人一对。每一对首先列出一个指代联系人的号码（例如 1 表示该组中的第一个号码），然后是用于将消息传递给该人的时间（以分钟为单位），没有特殊的标点符号或间距规则。

每个人的编号为 1 到股票经纪人的数量。传递消息所需的时间将介于 1 到 10 分钟（包括 1 和 10 分钟）之间，联系人数量将介于 0 到股票经纪人的数量减 1 之间。股票经纪人的数量范围是 1~100，输入由一组中包含 0 个股票经纪人终止。

输出格式：对于每组数据，程序必须输出一行，其中包含导致消息最快传输的人，以及在将该消息传递给此人之后最后一个人收到任何给定消息的时间，以整数分钟为单位。程序可能会收到一个排除某些人的连接网络，即某些人可能无法访问。如果程序检测到这样一个破碎的网络，只需输出消息"disjoint"。注意，将消息从 A 传递给 B 所花费的时间不一定与将其从 B 传递给 A 所花费的时间相同。

输入样例：

```
3
2 2 4 3 5
2 1 2 3 6
2 1 2 2 2
5
3 4 4 2 8 5 3
1 5 8
4 1 6 4 10 2 7 5 2
0
2 2 5 1 5
0
```

输出样例：

```
3 2
3 10
```

解：本题是求出从每个顶点 i 出发的最短路径长度的最大值 maxt，再找出具有最小 maxt 的那个顶点 i，最后输出 i 和 maxi。

二维数组 A 存放邻接矩阵，采用 Floyd 算法求出任意两个顶点（每个顶点表示一个股票经纪人）之间的最短路径长度 $A[i][j]$（顶点 i 传播谣言到顶点 j 所花费的最短时间）。再以顶点 i 作为各通路的源点，求出从顶点 i 出发的最短路径长度的最大值 maxt，它表示以股票经纪人 i 作为谣言的起点，传播到股票经纪人社区所需的时间。然后在所有 maxt 中求最小值 anst，对应的源点为 ansv。最后输出 ansv 和 anst（若 anst>INF，则表示某些人无法访问，输出消息"disjoint"）。对应的 AC 程序如下：

```java
import java.lang.*;
import java.util.*;
import java.util.Scanner;
```

```java
public class Main {
    static final int MAXV=101;                          //表示最多经纪人个数
    static final int INF=0x3f3f3f3f;                    //表示∞
    static int[][] A=new int[MAXV][MAXV];               //A数组,初始为邻接矩阵
    static int n;                                       //经纪人个数
    public static void Floyd() {                        //Floyd算法
        for(int k=1;k<=n;k++) {                         //求Ak[i][j]
            for(int i=1;i<=n;i++) {
                for(int j=1;j<=n;j++) {
                    if(i!=j && A[i][j]>A[i][k]+A[k][j])
                        A[i][j]=A[i][k]+A[k][j];
                }
            }
        }
    }
    public static void dispans() {                      //求结果并且输出
        int maxt;
        int anst=INF;
        int ansv=0;
        for(int i=1;i<=n;i++) {                         //以i点作为各通路的源点
            maxt=0;
            for(int j=1;j<=n;j++) {
                if(i!=j && maxt<A[i][j])                //找i到j的最长路径
                    maxt=A[i][j];
            }
            if(anst>maxt) {
                anst=maxt;                              //找最长路径中的最短路径长度
                ansv=i;                                 //该最短长度路径的源点
            }
        }
        if(anst<INF)                                    //源点ansv到每个顶点均有路径
            System.out.println(ansv+" "+anst);
        else                                            //源点ansv到某些顶点没有路径
            System.out.println("disjoint");
    }
    public static void main(String[] args) {
        Scanner fin=new Scanner(System.in);
        while(fin.hasNext()) {
            n=fin.nextInt();
            if(n==0) break;
            for(int i=1;i<=n;i++) {                     //A数组的初始化
                for(int j=1;j<=n;j++) {
                    if(i==j) A[i][j]=0;
                    else A[i][j]=INF;
                }
            }
            for(int i=1;i<=n;i++) {                     //输入邻接矩阵A
                int m=fin.nextInt();
                for(int j=1;j<=m;j++) {
                    int p=fin.nextInt();
                    int t=fin.nextInt();
                    A[i][p]=t;
                }
```

```
        }
        Floyd();                            //调用 Floyd 算法求 A
        dispans();                          //求 ansv 和 anst 并且输出
      }
    }
  }
```

上述程序的执行时间为 297ms,执行空间为 3076KB。

7. HDU4109——重新排列指令问题

时间限制:2000ms;空间限制:32 768KB。

问题描述:阿里本学期开设了计算机组织与架构课程,他了解到指令之间可能存在依赖关系,例如 WAR(写入后读取)、WAW、RAW。如果两个指令之间的距离小于安全距离(safe distances),则会导致危险,这可能导致错误的结果,所以需要设计特殊的电路以消除危险。然而,解决此问题的最简单方法是添加气泡(无用操作),这意味着以浪费时间来确保两条指令之间的距离不小于安全距离。

两条指令之间距离的定义是它们的开始时间之间的差异。现在有很多指令,已知指令之间的依赖关系和安全距离。我们有一个非常强大的 CPU,具有无限数量的内核,因此可以根据需要同时运行多个指令,并且 CPU 的速度非常快,只需花费 1ns 即可完成任何指令。接下来的工作是重新排列指令,以便 CPU 可以使用最短的时间完成所有指令。

输入格式:输入包含几个测试用例。每个测试用例的第一行是两个整数 n、m($n \leqslant 1000, m \leqslant 10\,000$),表示有 n 个指令和 m 个依赖关系;以下 m 行,每行包含 3 个整数 x、y、z,表示 x 和 y 之间的安全距离为 z,y 应在 x 之后运行。指令的编号为 $0 \sim n-1$。

输出格式:每个测试用例打印一个整数,即 CPU 运行所需的最短时间。

输入样例:

```
5 2
1 2 1
3 4 1
```

输出样例:

```
2
```

提示:在第 1 个 ns 中执行指令 0、1 和 3,在第 2 个 ns 中执行指令 2 和 4,所以答案应该是 2。

解:n 个指令(编号为 $0 \sim n-1$)之间的 m 个依赖关系构成一个有向图,每个指令有 3 个数字 u、v、w,表示 u 执行以后才能执行 v,且中间间隔必须超过 w。也就是说,不同的任务之间有先后次序,执行完一些任务以后再继续执行另外一些任务,且两个任务之间有时间间隔。实际上先后次序就是要满足拓扑排序的前提,边有权值,且要输出最长时间,那么就是关键路径,所以本题目就是求关键路径的长度。

对应的 AC 程序如下:

```java
import java.lang.*;
import java.util.*;
```

```java
import java.util.Scanner;
class ENode {                                           //边类型
    int v;                                              //邻接点
    int w;                                              //边权值
    int next;                                           //下一条边
    ENode(int v,int w) {                                //构造方法
        this.v=v;
        this.w=w;
    }
}
public class Main {
    static final int INF=0x3f3f3f3f;                    //表示∞
    static final int MAXV=1005;                         //表示最多顶点个数
    static final int MAXE=MAXV * MAXV;                  //表示最多顶点个数
    static int toll;
    static int[] head=new int[MAXV];
    static ENode[] edge=new ENode[MAXE];
    static int[] ind=new int[MAXV];                     //记录每个顶点的入度
    static int[] cost=new int[MAXV];                    //记录到顶点i的最长路径长度
    static int n,m;
    static void addEdge(int u,int v,int w) {            //有向图添加边<u,v,w>
        edge[toll]=new ENode(v,w);
        edge[toll].next=head[u];
        head[u]=toll++;
        ind[v]++;                                       //顶点v的入度增1
    }
    public static void TopSort() {                      //拓扑排序
        Stack<Integer> st=new Stack<Integer>();         //定义一个栈
        for(int i=0;i<n;i++) {                          //所有入度为0的顶点进栈
            if(ind[i]==0) {
                st.push(i);
                cost[i]=1;                              //路径经过顶点i,长度计为1
            }
        }
        while(!st.empty()) {                            //栈不为空时循环
            int u=st.pop();                             //出栈一个顶点u
            for(int e=head[u];e!=-1;e=edge[e].next) {
                int v=edge[e].v;
                int w=edge[e].w;
                ind[v]--;
                cost[v]=Math.max(cost[v],cost[u]+w);
                if(ind[v]==0) st.push(v);               //入度为0的顶点进栈
            }
        }
    }
    public static void main(String[] args) {
        Scanner fin=new Scanner(System.in);
        while(fin.hasNext()) {
            Arrays.fill(head,-1);                       //图初始化
            toll=0;
            Arrays.fill(ind,0);                         //顶点入度初始化
            Arrays.fill(cost,0);                        //顶点的最长路径长度初始化
            n=fin.nextInt();
```

```
            m=fin.nextInt();
            for(int i=1;i<=m;i++) {              //输入边的信息
                int u=fin.nextInt();
                int v=fin.nextInt();
                int w=fin.nextInt();
                addEdge(u,v,w);
            }
            TopSort();
            int ans=0;
            for(int i=0;i<n;i++)                 //cost 中的最大值即为所求
                ans=Math.max(ans,cost[i]);
            System.out.println(ans);
        }
    }
}
```

上述程序的执行时间为 1326ms，执行空间为 18 108KB。

3.9 第9章 查找

1. HDU2025——查找最大元素

时间限制：2000ms；空间限制：65 536KB。

问题描述：对于输入的每个字符串，查找其中的最大字母，在该字母后面插入字符串"(max)"。

输入格式：输入数据包括多个测试用例，每个测试用例由一行长度不超过 100 的字符串组成，字符串仅由大小写字母构成。

输出格式：对于每个测试用例输出一行字符串，输出的结果是插入字符串"(max)"后的结果，如果存在多个最大的字母，就在每一个最大字母后面都插入"(max)"。

输入样例：

abcdefgfedcba
xxxxx

输出样例：

abcdefg(max)fedcba
x(max)x(max)x(max)x(max)x(max)

解：对于每个输入的字符串 s，遍历一次找到最大字符 maxc，再遍历一次顺序输出字符 c，若 c 等于 maxc，再接着输出"(max)"。对应的 AC 程序如下：

```
import java.util.Scanner;
public class Main {
    public static void main(String[] args) {
        Scanner fin = new Scanner(System.in);
        String s;
```

```
        while(fin.hasNext()) {
            s=fin.next();
            char maxc=s.charAt(0);
            for(int i=1;i<s.length();i++) {
                if(s.charAt(i)>maxc)
                    maxc=s.charAt(i);
            }
            for(int i=0;i<s.length();i++) {
                System.out.print(s.charAt(i));
                if(s.charAt(i)==maxc)
                    System.out.print("(max)");
            }
            System.out.println();
        }
    }
}
```

上述程序的执行时间为 296ms，执行空间为 9768KB。

2. POJ2785——总和为 0 的四元组数

时间限制：15 000ms；空间限制：228 000KB。

问题描述：SUM 问题是给定 4 个整数列表 A、B、C 和 D，计算多少个四元组 $(a,b,c,d) \in A \times B \times C \times D$ 满足 $a+b+c+d=0$。在下面假设所有列表都具有相同的大小 n。

输入格式：输入文件的第一行包含列表的大小 n（此值可以大到 4000），然后有 n 行，每行包含 4 个整数值（绝对值大到 2^{28}），它们分别属于 A、B、C 和 D。

输出格式：对于每个输入文件，输出总和为 0 的四元组数。

输入样例：

```
6
-45 22 42 -16
-41 -27 56 30
-36 53 -37 77
-36 30 -75 -46
26 -38 -10 62
-32 -54 -6 45
```

输出样例：

```
5
```

提示：有 5 个四元组的总和为 0，分别是 $(-45,-27,42,30)$、$(26,30,-10,-46)$、$(-32,22,56,-46)$、$(-32,30,-75,77)$、$(-32,-54,56,30)$。

解法 1：用 a、b、c、d 数组分别存放 4 个序列，设总和为 0 的四元组数为 ans（初始时为 0）。若采用 4 重循环暴力求解，时间复杂度为 $O(n^4)$，一定会超时。优化方法是另外设置一个数组 sum，遍历所有的 a 和 b 行求出总和 sum，对其递增排序。再遍历所有的 c 和 d 行，设 tmp=$-(c[i]+d[j])$，在 sum 中折半查找等于 tmp 的个数（每找到一个，对应有一个 $a+b+c+d=0$）。若 sum 的元素个数为 tot，调用 upper_find(0,tot-1,tmp) 在 sum2[] 中找到第一个大于 tmp 的位置 pos1，再调用 lower_find(0,tot-1,tmp) 找到第一个大于或等于 tmp 的位置 pos2，则 ans+=(pos1-pos2)(lower_find()算法与《教程》中 9.2.2 节的 GOEk()算法相同，upper_find()算法与之类似)。对应的 AC 程序如下：

```java
import java.util.Scanner;
import java.util.*;
public class Main {
    static final int MAXN=4002;
    static final int MAXM=MAXN*MAXN;
    static int[] a=new int[MAXN];
    static int[] b=new int[MAXN];
    static int[] c=new int[MAXN];
    static int[] d=new int[MAXN];
    static int[] sum=new int[MAXM];
    static int upper_find(int low,int high,int k) {    //在 sum 中查找第一个大于 k 的元素序号
        while(low<=high) {
            int mid=(low+high)/2;
            if(k<sum[mid])
                high=mid-1;                             //k 小于中位数时新查找区间左移
            else
                low=mid+1;                              //k 大于或等于中位数时新查找区间右移
        }
        return high+1;                                  //当前查找区间空时返回 high+1
    }
    static int lower_find(int low, int high, int k) {   //查找第一个大于或等于 k 的元素序号(同 GOEk())
        while(low<=high) {
            int mid=(low+high)/2;
            if(k<=sum[mid])
                high=mid-1;                             //k 小于或等于中位数时新查找区间左移
            else
                low=mid+1;                              //k 大于中位数时新查找区间右移
        }
        return high+1;                                  //当前查找区间为空时返回 high+1
    }
    public static void main(String[] args) {
        int n;
        Scanner fin = new Scanner(System.in);
        while(fin.hasNext()) {
            n=fin.nextInt();
            for(int i=0;i<n;i++) {
                a[i]=fin.nextInt();
                b[i]=fin.nextInt();
                c[i]=fin.nextInt();
                d[i]=fin.nextInt();
            }
            int tot=0;
            for(int i=0;i<n;i++) {
                for(int j=0;j<n;j++)
                    sum[tot++]=a[i]+b[j];
            }
            Arrays.sort(sum,0,tot);                     //递增排序
            int ans=0;
            for(int i=0;i<n;i++) {
                for(int j=0;j<n;j++) {
```

```
                    int tmp=-(c[i]+d[j]);
                    ans+=upper_find(0,tot-1,tmp)-lower_find(0,tot-1,tmp);
                }
            }
            System.out.println(ans);
        }
    }
}
```

上述程序的执行时间为 24 297ms,执行空间为 68 200KB。

解法 2：可以采用 HashMap 集合 map 替代解法 1 中的 sum 数组，map 的元素类型为 <Integer,Integer>，前者为 a[i]+b[j] 的关键字，后者为其出现的次数。在遍历 c 和 d 数组时，tmp=-(c[i]+d[j])，当 map 中存在 tmp 时，置 ans+=map.get(tmp)。对应的 AC 程序如下：

```java
import java.util.Scanner;
import java.util.*;
public class Main {
    static final int MAXN=4002;
    static final int MAXM=MAXN*MAXN;
    static int[] a=new int[MAXN];
    static int[] b=new int[MAXN];
    static int[] c=new int[MAXN];
    static int[] d=new int[MAXN];
    static HashMap<Integer,Integer> map=new HashMap<Integer,Integer>();
    public static void main(String[] args) {
        int n;
        Scanner fin=new Scanner(System.in);
        while(fin.hasNext()) {
            n=fin.nextInt();
            for(int i=0;i<n;i++) {
                a[i]=fin.nextInt();
                b[i]=fin.nextInt();
                c[i]=fin.nextInt();
                d[i]=fin.nextInt();
            }
            for(int i=0;i<n;i++) {
                for(int j=0;j<n;j++) {
                    int sum=a[i]+b[j];
                    if(map.containsKey(sum)) {
                        int k=(int)map.get(sum);
                        k++;
                        map.put(sum,k);
                    }
                    else map.put(sum,1);
                }
            }
            int ans=0;
            for(int i=0;i<n;i++) {
                for(int j=0;j<n;j++) {
                    if(map.containsKey(-(c[i]+d[j])))
```

```
                    ans+=map.get(-(c[i]+d[j]));
                }
            }
            System.out.println(ans);
        }
    }
}
```

上述程序的执行时间为 19 719ms，执行空间为 116 608KB。那么能不能用 TreeMap 替换 HashMap 呢？这里产生的 $a[i]+b[j]$ 并不需要是有序的，仅仅需要快速找到 $a[i]+b[j]$ 的元素即可，所以采用 HashMap 更合适，实际上将上述程序中的 HashMap 替换为 TreeMap 后程序会超时。再对比两种解法，HashMap 比折半查找的速度更快，但占用的空间更多。

3. HDU3791——二叉排序树问题

时间限制：2000ms；空间限制：32 768KB。

问题描述：判断两序列是否为同一个二叉搜索树序列。

输入格式：开始的一个数 $n(1 \leqslant n \leqslant 20)$ 表示有 n 个序列需要判断，当 $n=0$ 的时候输入结束。接下来的一行是一个序列，序列长度小于 10，包含 0～9 的数字，没有重复数字，根据这个序列可以构造出一棵二叉搜索树。接下去的 n 行有 n 个序列，每个序列的格式跟第一个序列一样，请判断这两个序列是否能组成同一棵二叉搜索树。

输出格式：如果序列相同则输出 YES，否则输出 NO。

输入样例：

```
2
567432
543267
576342
0
```

输出样例：

```
YES
NO
```

解：这里所有的二叉排序树都是由 1～9 的某个序列构造的。先构造初始序列的二叉排序树 bt，然后构造其他序列对应的二叉排序树 bt1。判断 bt 和 bt1 是否相同的过程如下。

（1）bt 和 bt1 均为空，则返回 true。

（2）若 b1、bt1 中一个空，一个非空，则返回 false。

（3）若 bt 和 bt1 均不空，如果根结点的值不相同，返回 false，否则求出左子树的相同性 left、右子树的相同性 right，返回 left && right。

若 bt 和 bt1 相同，输出"Yes"，否则输出"No"。对应的 AC 程序如下：

```
import java.util.Scanner;
import java.util.*;
class BSTNode {                           //二叉排序树结点类
    public char key;                      //存放关键字，这里关键字为 char 类型
```

```java
        public BSTNode lchild;              //存放左孩子指针
        public BSTNode rchild;              //存放右孩子指针
        BSTNode() {                         //构造方法
            lchild=rchild=null;
        }
    }
    class BSTClass {                        //二叉排序树类
        public BSTNode r;                   //二叉排序树的根结点
        private BSTNode f;                  //用于存放待删除结点的双亲结点
        public BSTClass() {                 //构造方法
            r=null;
        }
        public void InsertBST(char k) {     //插入一个关键字为 k 的结点
            InsertBST1(r,k);
        }
        private BSTNode InsertBST1(BSTNode p,char k) {  //在以 p 为根的 BST 中插入为 k 的结点
            if(p==null) {                   //原树为空,新插入的元素为根结点
                p=new BSTNode();
                p.key=k;
            }
            else if(k<p.key)
                p.lchild=InsertBST1(p.lchild,k);        //插入 p 的左子树中
            else if(k>p.key)
                p.rchild=InsertBST1(p.rchild,k);        //插入 p 的右子树中
            return p;
        }
        public void CreateBST(String a) {   //由关键字序列 a 创建一棵二叉排序树
            r=new BSTNode();                //创建根结点
            r.key=a.charAt(0);
            for(int i=1;i<a.length();i++)   //创建其他结点
                InsertBST1(r,a.charAt(i));  //插入关键字 a[i]
        }
    }
    public class OJ3 {
        static boolean Same(BSTClass bt,BSTClass bt1) {  //判断 bt 与 bt1 是否相同
            return Same1(bt.r,bt1.r);
        }
        static boolean Same1(BSTNode p,BSTNode p1) {     //被 Same() 调用
            if(p==null && p1==null)
                return true;
            else if(p==null || p1==null)
                return false;
            else {
                if(p.key!=p1.key) return false;
                boolean left=Same1(p.lchild,p1.lchild);
                boolean right=Same1(p.rchild,p1.rchild);
                return(left && right);
            }
        }
        public static void main(String[] args) {
            int n;
            String s;
            Scanner fin=new Scanner(System.in);
```

```
            BSTClass bt=new BSTClass();
            BSTClass bt1=new BSTClass();
            while(true) {
                n=fin.nextInt();                              //读取整数 n
                if(n==0) break;
                s=fin.next();                                 //读取一行字符串 s
                bt.CreateBST(s);                              //创建第一个 BST
                for(int i=0;i<n;i++) {
                    s=fin.next();                             //读取一行字符串 s
                    bt1.CreateBST(s);                         //创建要比较的 BST
                    if(Same(bt,bt1))                          //判断相同性
                        System.out.println("YES");
                    else
                        System.out.println("NO");
                }
            }
        }
    }
}
```

上述程序的执行时间为196ms；执行空间为10 112KB。

4. POJ2418——硬木种类

时间限制：10 000ms；空间限制：65 536KB。

问题描述：硬木是植物树种，有宽阔的叶子，结出水果或坚果，并且通常在冬天休眠。美国的温带气候产生了数百种硬木树种，例如橡树、枫树和樱桃树都是硬木树种，它们是不同的树种。所有硬木树种总量占美国树木的40%。

利用卫星成像技术，政府部门编制了一份特定日期的每棵树的清单，请计算每个树种的百分比。

输入格式：输入包括卫星观测到的每棵树的清单。每行表示一棵树的树种，树种名称不超过30个字符。所有树种不超过10 000种，不超过1 000 000棵树。

输出格式：按字母顺序输出每个树种的名称，以及对应的百分比，百分比精确到第4个小数位。

输入样例：

```
Red Alder
Ash
Aspen
Basswood
Ash
Beech
Yellow Birch
Ash
Cherry
Cottonwood
Ash
Cypress
Red Elm
Gum
```

```
Hackberry
White Oak
Hickory
Pecan
Hard Maple
White Oak
Soft Maple
Red Oak
Red Oak
White Oak
Poplan
Sassafras
Sycamore
Black Walnut
Willow
```

输出样例：

```
Ash 13.7931
Aspen 3.4483
Basswood 3.4483
Beech 3.4483
Black Walnut 3.4483
Cherry 3.4483
Cottonwood 3.4483
Cypress 3.4483
Gum 3.4483
Hackberry 3.4483
Hard Maple 3.4483
Hickory 3.4483
Pecan 3.4483
Poplan 3.4483
Red Alder 3.4483
Red Elm 3.4483
Red Oak 6.8966
Sassafras 3.4483
Soft Maple 3.4483
Sycamore 3.4483
White Oak 10.3448
Willow 3.4483
Yellow Birch 3.4483
```

解：本题仅仅一个测试用例，就是给定一系列字符串（树种），统计每个字符串的比例，要求按字母顺序输出。采用 TreeMap 对象 map 存储每个树种及其包含的树数，最后通过迭代器顺序遍历输出每个树种的名称以及对应的百分比。对应的 AC 程序如下：

```java
import java.util.Scanner;
import java.util.*;
public class Main{
    static TreeMap<String,Integer> map=new TreeMap<String,Integer>();
    public static void main(String[] args){
        int n=0;
```

```java
        String s;
        Scanner fin=new Scanner(System.in);
        while(fin.hasNext()) {
            s=fin.nextLine();                          //读取一行字符串 s
            if(map.containsKey(s))                     //若 s 出现过
                map.put(s,map.get(s)+1);               //对应值增加 1
            else                                       //若 s 没有出现过
                map.put(s,1);                          //对应值设置为 1
            n++;
        }
        Iterator it=map.keySet().iterator();
        while(it.hasNext()) {
            String key=(String)it.next();              //获取 key
            int value=(int)map.get(key);               //根据 key 获取 value
            System.out.print(key+" ");
            System.out.printf("%.4f\n",value*100.0/n);
        }
    }
}
```

上述程序的执行时间为 16 579ms，执行空间为 6152KB。

5. HDU1263——水果问题

时间限制：2000ms；空间限制：65 536KB。

问题描述：Joe 经营着一个不大的水果店，他认为生存之道就是经营最受顾客欢迎的水果，夏天来了，现在他想要一份水果销售情况的明细表，这样他就可以很容易地掌握所有水果的销售情况了。

输入格式：第一行的正整数 $n(0<n\leqslant 10)$ 表示有 n 组测试数据。每组测试数据的第一行是一个整数 $m(0<m\leqslant 100)$，表示共有 m 次成功的交易。其后有 m 行数据，每行表示一次交易，由水果名称（由小写字母组成，长度不超过 80）、水果产地（由小写字母组成，长度不超过 80）和交易的水果数目（正整数，不超过 100）组成。

输出格式：对于每组测试数据，请输出一份排版格式正确（请分析样本输出）的水果销售情况明细表。这份明细表包括所有水果的产地、名称和销售数目的信息，水果先按产地分类，产地按字母顺序排列，同一产地的水果按照名称排序，名称按字母顺序排序。两组测试数据之间有一个空行，最后一组测试数据之后没有空行。

输入样例：

```
1
5
apple shandong 3
pineapple guangdong 1
sugarcane guangdong 1
pineapple guangdong 3
pineapple guangdong 1
```

输出样例：

```
guangdong
        |————pineapple(5)
        |————sugarcane(1)
shandong
        |————apple(3)
```

解：本题就是按水果产地、水果名称和销售数目输入一个列表，要求按水果名称、水果产地和销售数目输出结果。由于是有序的，采用 TreeMap，定义一个双层 TreeMap 集合 map1，其元素类型为<String, Map<String, Integer>>，关键字为水果名称，值为一个子 Map，而子 Map 的关键字为水果产地，值为销售数目。最后按要求输出 map1 即可。

对应的 AC 程序如下：

```java
import java.util.Scanner;
import java.util.*;
public class Main {
    public static void main(String[] args) {
        int n,m;
        String s;
        Scanner fin=new Scanner(System.in);
        n=fin.nextInt();
        for(int cas=0;cas<n;cas++) {
            if(cas!=0) System.out.println();                    //两组之间换行
            Map<String,Map<String,Integer>> map1=
                                new TreeMap<String,Map<String,Integer>>();
            Map<String,Integer> map2=new TreeMap<String,Integer>();
            m=fin.nextInt();
            for(int i=0;i<m;i++) {                              //输入 m 个列表项
                String x,y;
                int z=0;
                Integer w=0;
                x=fin.next();                                   //水果产地
                y=fin.next();                                   //水果名称
                z=fin.nextInt();                                //水果销售数目
                if(map1.get(y)==null)                           //y 在 map1 中不存在，新建一个 y 的元素
                    map1.put(y,new TreeMap<String,Integer>());
                map2=map1.get(y);                               //取 map1 中 y 对应的子 Map 值 map2
                if(map2.get(x)==null)                           //x 在 map2 中不存在时
                    map2.put(x,0);                              //置 map2 的值(销售数目)为 0
                int cnt=map2.get(x)+z;                          //累计 x 的销售数目
                map2.put(x,cnt);                                //再次插入 map2 中
            }
            Iterator it1=map1.entrySet().iterator();            //迭代 map1 输出结果
            while(it1.hasNext()) {
                Map.Entry<String,Map<String,Integer>> entry1=(Map.Entry)it1.next();
                System.out.println(entry1.getKey());            //输出水果名称
                map2=entry1.getValue();                         //取该水果名称对应的子 Map 值 map2
                Iterator it2=map2.entrySet().iterator();
                while(it2.hasNext()) {                          //迭代 map2
                    Map.Entry<String,Integer> entry2=(Map.Entry)it2.next();
                    System.out.println("    |————"+entry2.getKey()+"("+entry2.getValue()+")");
                }
```

```
            }
         }
      }
}
```

上述程序的执行时间为 327ms，执行空间为 10 500KB。在程序中输出结果时是采用双层迭代器实现的，采用以下 for 语言实现更简单：

```
for(Map.Entry<String,Map<String,Integer>> entry : map1.entrySet()){
    System.out.println(entry.getKey());              //输出水果名称
    for(String key : entry.getValue().keySet())      //再输出对应的水果产地和数量
        System.out.println("    |————"+key+"("+entry.getValue().get(key)+")");
}
```

6. POJ2503——Babelfish 问题

时间限制：2000ms；空间限制：65 536KB。

问题描述：你刚从滑铁卢搬到了一个大城市，这里的人说一种让你难以理解的外语方言，幸运的是你有一本字典可以帮助理解它们。

输入格式：输入最多包含 100 000 个字典条目，后跟一个空行，接下来有最多 100 000 个单词的消息。每个字典条目为一行，包含一个英文单词，后跟一个空格和一个外来词。在字典中外来词不会出现多次。该消息是外来词序列，每行一个外来词。输入中的单词最多包含 10 个小写字母。

输出格式：输出是翻译成英文的消息，每行一个字。不在字典中的外来词应翻译为"eh"。

输入样例：

```
dog ogday
cat atcay
pig igpay
froot ootfray
loops oopslay

atcay
ittenkay
oopslay
```

输出样例：

```
cat
eh
loops
```

解：设计 HashMap<String,String>容器 mymap 作为字典存放外来词的英文单词。对于每个字典条目输入 eword 和 fword，插入<fword,eword>。对于输入的外来词 s，在 mymap 中查找对应的英文单词并输出。对应的 AC 程序如下：

```java
import java.util.Scanner;
import java.util.*;
public class Main{
```

```java
public static void main(String[] args) {
    String s,eword,fword;
    Scanner fin=new Scanner(System.in);
    Map<String,String> mymap=new HashMap<String,String>();
    while(fin.hasNext()) {                          //处理每个字典条目
        s=fin.nextLine();
        if(s.length()==0) break;                    //处理空行
        String[] sp=s.split(" ");
        eword=sp[0];
        fword=sp[1];
        mymap.put(fword,eword);                     //向 mymap 中插入<fword,eword>
    }
    while(fin.hasNext()) {                          //处理外来词
        s=fin.nextLine();
        if(mymap.containsKey(s))                    //查字典
            System.out.println(mymap.get(s));       //查找成功,输出英文单词
        else                                        //查找不成功
            System.out.println("eh");               //输出"eh"
    }
}
```

上述程序的执行时间为 3110ms,执行空间为 20 372KB。

7. POJ2092——爷爷很出名问题

时间限制:2000ms;空间限制:30 000KB。

问题描述:爷爷几十年来一直是一个非常好的桥牌选手,当宣布他成为吉尼斯世界纪录中有史以来的最佳桥牌选手时整个家庭都为之兴奋。国际桥牌协会(IBA)多年来一直保持着世界上最佳桥牌选手的每周排名,每周排名中选手的每次出场计一个点,爷爷被提名为有史以来的最佳选手,因为他获得了最高点数。爷爷有许多竞争对手,他非常好奇,想知道哪个选手获得了第二名。由于 IBA 排名现已在互联网上发布,他向你寻求帮助。你需要编写一个程序,当给出每周排名列表时根据点数找出哪个或者哪些选手获得了第二名。

输入格式:输入包含几个测试用例。所有选手的编号是 1~10 000。每个测试用例的第一行包含两个整数 $n(2 \leqslant n \leqslant 500)$ 和 $m(2 \leqslant m \leqslant 500)$,分别表示可用的排名数和每个排名中的选手数量。接下来的 n 行中,每行都包含一周排名的描述,每个描述由 m 个整数组成,由空格分隔,标识在每周排名中的选手。可以假设在每个测试用例中只有一个最佳选手和至少一个排名第二的选手,每周排名由 m 个不同的选手组成。输入由 $n=m=0$ 表示结束。

输出格式:对于每个测试用例,程序必须生成一行输出,其中包含所有排名中出现第二多的选手编号,如果有多个这样的选手,则按选手编号的递增顺序输出,每个选手编号的后面有一个空格。

输入样例:

```
4 5
20 33 25 32 99
32 86 99 25 10
20 99 10 33 86
```

```
19 33 74 99 32
3 6
2 34 67 36 79 93
100 38 21 76 91 85
32 23 85 31 88 1
0 0
```

输出样例:

```
32 33
1 2 21 23 31 32 34 36 38 67 76 79 88 91 93 100
```

解：本题中每个测试用例给出一个 n 行 m 列的整数矩阵，每个元素是表示选手编号的整数，求出现次数第二多的整数是哪个或者哪些。

所有的整数有 $n \times m$ 个，如果用一维数组 a 存放所有整数，排序后求出现第二多的整数，最好的时间复杂度为 $O(nm\log_2 nm)$，会出现超时。

这里选手编号为 1～10 000，设计一个 num 数组，num[i] 表示累计选手 i 出现的次数，然后在 num 中查找第二大的值 max2，最后 i 从 1 到 10 000 遍历，输出所有等于 max2 的选手编号 i。对应的 AC 程序如下：

```java
import java.util.Scanner;
import java.util.*;
public class Main {
    static final int MAXN=10010;
    static int[] num=new int[MAXN];
    static int secondcnt() {                    //求 num 中第二大的次数
        int max1=-1,max2=-1;
        for(int i=1;i<MAXN;i++) {
            if(num[i]>max1) {
                max2=max1;
                max1=num[i];
            }
            else if(num[i]>max2)
                max2=num[i];
        }
        return max2;
    }
    public static void main(String[] args) {
        Scanner fin=new Scanner(System.in);
        int n,m;
        while(fin.hasNext()) {
            n=fin.nextInt();
            m=fin.nextInt();
            if(n==0 && m==0) break;
            Arrays.fill(num,0);
            for(int i=0;i<n;i++) {
                for(int j=0;j<m;j++) {
                    int x=fin.nextInt();
                    num[x]++;
                }
```

```
        }
        int max2=secondcnt();
        boolean first=true;
        for(int i=1;i<MAXN;i++) {
            if(num[i]==max2) {
                if(first==true) {
                    first=false;
                    System.out.print(i);
                }
                else System.out.print(" "+i);
            }
        }
        System.out.println();
    }
}
```

上述程序的执行时间为2047ms,执行空间为5520KB。由于所有选手编号是唯一的,在上述程序中理论上可以用TreeMap替代num数组,对应的程序如下:

```
import java.util.Scanner;
import java.util.*;
public class Main {
    static Map<Integer,Integer> map=new TreeMap<Integer,Integer>();
    static int secondcnt() {                                    //求 map 中出现第二名的次数
        int max1=-1,max2=-1;
        Iterator it=map.keySet().iterator();
        while(it.hasNext()) {
            int key=(Integer)it.next();                         //获取 key
            int cnt=(Integer)map.get(key);                      //根据 key 获取 value
            if(cnt>max1) {
                max1=cnt;
                max2=max1;
            }
            else if(cnt>max2)
                max2=cnt;
        }
        return max2;
    }
    public static void main(String[] args) {
        Scanner fin=new Scanner(System.in);
        int n,m;
        while(fin.hasNext()) {
            n=fin.nextInt();
            m=fin.nextInt();
            if(n==0 && m==0) break;
            map.clear();
            for(int i=0;i<n;i++) {
                for(int j=0;j<m;j++) {
                    int x=fin.nextInt();
                    if(map.containsKey(x))                      //若 x 出现过
                        map.put(x,map.get(x)+1);                //对应出现次数增1
```

```
                        else                         //若 x 没有出现过
                            map.put(x,1);            //对应出现次数置为1
                    }
                }
                int max2=secondcnt();
                Iterator it=map.keySet().iterator();
                boolean first=true;
                while(it.hasNext()) {
                    int key=(Integer)it.next();      //获取 key
                    int cnt=(Integer)map.get(key);   //根据 key 获取 value
                    if(cnt==max2) {                  //该选手出现 max2 次
                        if(first) {
                            System.out.print(key);
                            first=false;
                        }
                        else System.out.print(" "+key);
                    }
                }
                System.out.println();
            }
        }
    }
}
```

上述程序出现运行错误，采用TreeMap的时间复杂度为$O(n\log_2 n)$，而采用数组num的时间复杂度为$O(n)$，所以采用TreeMap后的程序可能是超时的问题。那么能不能用HashMap替代num数组呢(采用HashMap的时间复杂度也是$O(n)$)？答案是不能，因为HashMap是无序的，这里要求按选手编号递增输出所有第二名的选手。

3.10　第 10 章　排序

1. POJ2388——求中位数问题

时间限制：1000ms；空间限制：65 536KB。

问题描述：FJ正在调查他的牛群以寻找最普通的牛群，他想知道产奶量的中位数，一半奶牛的产奶量与中位数一样多或更多，一半奶牛的产奶量与中位数一样或更少。

输入格式：给定n(n为奇数，$1 \leqslant n < 10\,000$)头牛的牛奶产量($1 \sim 1\,000\,000$)，找到这些奶牛中产奶量的中位数。输入的第 1 行为整数n，第 2 行到第$n+1$行中每行包含一个整数，表示一头奶牛的产奶量。

输出格式：输出一行表示产奶量的中位数。

输入样例：

```
5
2
4
1
3
5
```

输出样例：

```
3
```

解：用数组 a 存放所有奶牛的产奶量，排序后求中间位置元素即可，这里直接利用 Arrays.sort()方法排序。对应的 AC 程序如下：

```java
import java.util.Scanner;
import java.util.*;
public class Main {
    public static void main(String[] args) {
        final int MAXN=10010;
        int[] a=new int[MAXN];
        Scanner fin=new Scanner(System.in);
        while(fin.hasNext()) {
            int n=fin.nextInt();
            for(int i=0;i<n;i++)
                a[i]=fin.nextInt();
            Arrays.sort(a,0,n);
            System.out.println(a[n/2]);
        }
    }
}
```

上述程序的执行时间为 1735ms，执行空间为 5216KB。

2. POJ1007——DNA 排序问题

时间限制：1000ms；空间限制：65 536KB。

问题描述：一个序列中"未排序"的度量是相对于彼此顺序不一致的条目对的数量，例如在字母序列"DAABEC"中，度量为 5，因为 D 大于其右边的 4 个字母，E 大于其右边的一个字母。该度量称为该序列的逆序数。序列"AACEDGG"只有一个逆序对（E 和 D），它几乎被排好序了，而序列"ZWQM"有 6 个逆序对，它是未排序的，恰好是反序。

你需要对若干个 DNA 序列（仅包含 4 个字母 A、C、G 和 T 的字符串）分类，注意是分类而不是按字母顺序排序，而是按照"最多排序"到"最小排序"的顺序排列，所有 DNA 序列的长度都相同。

输入格式：第一行包含两个整数，$n(0<n\leqslant50)$ 表示字符串长度，$m(0<m\leqslant100)$ 表示字符串个数。后面是 m 行，每行包含一个长度为 n 的字符串。

输出格式：按"最多排序"到"最小排序"的顺序输出所有字符串。若两个字符串的逆序对个数相同，按原始顺序输出它们。

输入样例：

```
10 6
AACATGAAGG
TTTTGGCCAA
TTTGGCCAAA
GATCAGATTT
CCCGGGGGGA
ATCGATGCAT
```

输出样例：

```
CCCGGGGGGA
AACATGAAGG
GATCAGATTT
ATCGATGCAT
TTTTGGCCAA
TTTGGCCAAA
```

解：本题实际上是求 n 个字符串的逆序数，按逆序数递减的顺序输出原来的所有字符串。所以关键是求一个长度为 n 的字符串 tmp 的逆序数算法，求逆序数的原理参见《教程》中的例 10.11。

将所有字符串存放在 str 字符串数组中，用 b 数组存放 str[i] 的序号 i 及其逆序数，对数组 b 按题目要求排序，最后输出结果。

对应的 AC 程序如下：

```java
import java.util.*;
class ElemType {
    int v;                                  //存放 str[i] 的逆序数
    int i;                                  //存放字符串的下标 i
}
public class Main {
    static int MAXN=55;
    static int MAXM=105;
    static int ans;                         //相邻整数的最小交换数量
    static int[] a=new int[MAXN];           //存放整数序列
    static void Merge(char[] a,int low,int mid,int high) {  //两个相邻有序段归并
        int i=low;
        int j=mid+1;
        int k=0;
        char[] b=new char[high-low+1];      //开辟临时空间
        while(i<=mid && j<=high) {          //二路归并:a[low..mid]、a[mid+1..high]→b
            if(a[i]>a[j]) {
                b[k++]=a[j++];
                ans+=mid-i+1;               //累计逆序数
            }
            else b[k++]=a[i++];
        }
        while(i<=mid) b[k++]=a[i++];
        while(j<=high) b[k++]=a[j++];
        for(int k1=0;k1<k;k1++)             //b[0..k-1]→a[low..high]
            a[low+k1]=b[k1];
    }
    static void MergeSort(char[] a,int s,int t) {  //二路归并排序
        if(s>=t) return;                    //a[s..t]的长度为 0 或者 1 时返回
        int m=(s+t)/2;                      //取中间位置 m
        MergeSort(a,s,m);                   //对前子表排序
        MergeSort(a,m+1,t);                 //对后子表排序
        Merge(a,s,m,t);                     //将两个有序子表合并成一个有序表
    }
    static int Inversion(char a[],int n) {  //用二路归并法求字符串 a 的逆序数
```

```java
        ans=0;
        MergeSort(a,0,n-1);
        return ans;
}
public static void main(String[] args) {
        Scanner fin=new Scanner(System.in);
        int m,n;
        String[] str=new String[MAXM];
        ElemType[] b=new ElemType[MAXM];
        char[] tmp=new char[MAXN];
        n=fin.nextInt();
        m=fin.nextInt();                                //输入 n 和 m
        for(int i=0;i<m;i++)                            //输入 m 个字符串
            str[i]=fin.next();
        for(int i=0;i<m;i++) {                          //求所有字符串的逆序数
            for(int j=0;j<str[i].length();j++)          //将 str[i]复制到字符数组 tmp 中
                tmp[j]=str[i].charAt(j);
            b[i]=new ElemType();
            b[i].v=Inversion(tmp,n);                    //求 tmp 的逆序数
            b[i].i=i;                                   //记录原来的下标
        }
        Arrays.sort(b,0,m,new Comparator<ElemType>() {
            public int compare(ElemType o1,ElemType o2) {
                if(o1.v-o2.v==0)                        //v 相同时 i 越小越靠前
                    return o2.i-o1.i;
                else                                    //v 不相同时 v 越大越靠前
                    return o1.v-o2.v;
            }
        });
        for(int i=0;i<m;i++)                            //输出结果
            System.out.printf("%s\n",str[b[i].i]);
    }
}
```

上述程序的执行时间为 1485ms,执行空间为 3536KB。

3. POJ3784——求中位数

时间限制:1000ms;空间限制:65 536KB。

问题描述:对于这个问题,需要编写一个程序读取一系列整数,在读取每个奇数序号的整数后输出到目前为止接收到的整数的中值(中位数)。

输入格式:第一行输入包含一个整数 $t(1 \leq t \leq 1000)$ 表示数据集个数。每个数据集的第一行包含数据集编号,后跟一个空格,接下来是一个奇数十进制整数 $m(1 \leq m \leq 9999)$,表示要处理的有符号整数的个数,数据集中的其余行,每行由 10 个整数组成,由单个空格分隔。数据集中的最后一行包含的整数可能少于 10 个。

输出格式:对于每个数据集,第一行输出包含数据集编号、单个空格和中位数个数(应该是输入整数个数的一半加 1),将在以下行中输出中位数,每行 10 个,由单个空格分隔。最后一行包含的整数可能少于 10 个,但至少有一个。输出中没有空行。

输入样例:
```
3
1 9
1 2 3 4 5 6 7 8 9
2 9
9 8 7 6 5 4 3 2 1
3 23
23 41 13 22 -3 24 -31 -11 -8 -7
3 5 103 211 -311 -45 -67 -73 -81 -99
-33 24 56
```

输出样例:
```
1 5
1 2 3 4 5
2 5
9 8 7 6 5
3 12
23 23 22 22 13 3 5 5 3 -3
-7 -3
```

解:例如有如下数据集。

```
1 5
3 2 5 4 1
```

这里 $m=5$,先输出 1 和 $(m+1)/2=3$。

(1) 读取 3,为奇数序号,当前序列为(3),输出中位数 3。

(2) 读取 2,为偶数序号,当前序列为(3 2)。

(3) 读取 5,为奇数序号,当前序列为(3 2 5),输出中位数 3。

(4) 读取 4,为偶数序号,当前序列为(3 2 5 4)。

(5) 读取 1,为奇数序号,当前序列为(3 2 5 4 1),输出中位数 3。

那么如何求当前序列的中位数呢?若采用排序来求中位数,一定会超时。这里用两个堆(即小根堆 small 和大根堆 big)来实现。

当两个堆中共有偶数个整数时,保证两个堆中整数的个数相同,当两个堆中共有奇数个整数时,保证小根堆中多一个整数(堆顶整数就是中位数)。简单地说,用 small 存放最大的一半整数,用 big 存放最小的一半整数。对于输入的整数 x,操作过程如下:

(1) 若小根堆 small 为空,将 x 插入 small 中,然后返回。

(2) 若 x 大于小根堆的堆顶元素,将 x 插入 small 中,否则将 x 插入 bigl 中。

(3) 调整两个堆的整数个数,若 small 中元素的个数较少,取出 big 的堆顶元素插入 small 中,若 small 比 big 至少多两个元素,取出 small 的堆顶元素插入 big 中(保证 small 比 big 至少多一个整数)。

对应的 AC 程序如下:

```java
import java.util.Scanner;
import java.util.*;
```

```java
public class Main {
    static PriorityQueue<Integer> small=new PriorityQueue<Integer>();       //小根堆
    static PriorityQueue<Integer> big=new PriorityQueue<Integer>(11,new Comparator<Integer>() {
        @Override
        public int compare(Integer o1,Integer o2) {                         //大根堆
            return(int)(o2-o1);
        }
    });
    static ArrayList<Integer> ans=new ArrayList();                          //存放中位数序列
    static void add(int x) {                                                //增加整数 x
        if(small.isEmpty()) {                                               //若小根堆 small 空
            small.offer(x);                                                 //将 x 插入 small 中
            return;
        }
        if(x>small.peek())                                                  //若 x 大于小根堆的堆顶元素
            small.offer(x);                                                 //将 x 插入 small 中
        else
            big.offer(x);                                                   //否则将 x 插入大根堆 big 中
        if(small.size()<big.size())                                         //若小根堆中的元素个数较少
            small.offer(big.poll());                                        //取出 big 的堆顶元素插入 small 中
        if(small.size()>big.size()+1)                                       //若 small 比 big 至少多两个元素
            big.offer(small.poll());                                        //取出 small 的堆顶元素插入 big 中
    }
    public static void main(String[] args) {
        Scanner fin=new Scanner(System.in);
        int t,cas,m,x;
        t=fin.nextInt();
        while(t-->0) {
            while(!small.isEmpty()) small.poll();                           //初始化
            while(!big.isEmpty()) big.poll();
            ans.clear();
            cas=fin.nextInt();
            m=fin.nextInt();
            for(int i=1;i<=m;i++) {
                x=fin.nextInt();
                add(x);                                                     //增加整数 x
                if(i%2==1)                                                  //x 为奇数序号的整数
                    ans.add(small.peek());                                  //将求出的中位数添加到 ans 中
            }
            System.out.printf("%d %d\n",cas,(m+1)/2);
            for(int i=0;i<ans.size();i++) {                                 //输出中位数序列
                if(i>0 && i%10==0)
                    System.out.println();
                System.out.print(ans.get(i)+" ");
            }
            System.out.println();
        }
    }
}
```

上述程序的执行时间为 360ms,执行空间为 5800KB。

4. HDU1106——排序问题

时间限制:2000ms;空间限制:65 536KB。

问题描述:输入一行数字,如果把这行数字中的"5"都看成空格,那么就得到一行用空

第 3 章 在线编程题参考答案

格分割的若干非负整数(可能有些整数以"0"开头,这些头部的"0"应该被忽略掉,除非这个整数就是由若干"0"组成的,这时这个整数就是 0)。请对这些分割得到的整数按从小到大的顺序排序输出。

输入格式:输入包含多组测试用例,每组输入数据只有一行数字(数字之间没有空格),这行数字的长度不大于 1000。输入数据保证分割得到的非负整数不会大于 100 000 000,输入数据不可能全由"5"组成。

输出格式:对于每个测试用例,输出分割得到的整数的排序结果,相邻的两个整数之间用一个空格分隔,每组输出占一行。

输入样例:

0051231232050775

输出样例:

0 77 12312320

解:对于每个测试用例输入的数字字符串 str,用 String.split()方法按"5"分拆为字符串数组 tmp,对于其中每个非空字符串 tmp[i],用 Integer.parseInt(tmp[i])方法转换为整数(也可以采用 Integer.valueOf(tmp[i]).intValue()方法),存放在整数数组 a 中,再调用 Arrays.sort()方法递增排序,最后输出数组 a 的所有元素。对应的 AC 程序如下:

```java
import java.util.Scanner;
import java.util.*;
public class Main {
    static final int MAXN=1005;
    static int[] a=new int[MAXN];
    public static void main(String[] args) {
        Scanner fin=new Scanner(System.in);
        String str;
        while(fin.hasNext()) {
            str=fin.nextLine();
            String[] tmp=str.split("5");           //分拆数字字符串 str
            int cnt=0;
            for(int i=0;i<tmp.length;i++) {
                if(!tmp[i].equals("")) {
                    int x=Integer.parseInt(tmp[i]);
                    a[cnt++]=x;                     //将非空串转换为整数添加到 a 中
                }
            }
            Arrays.sort(a,0,cnt);                   //对数组 a 排序
            boolean first=true;
            for(int i=0;i<cnt;i++) {                //输出结果
                if(first) {
                    System.out.print(a[i]);
                    first=false;
                }
                else System.out.print(" "+a[i]);
            }
```

```
            System.out.println();
        }
    }
}
```

上述程序的执行时间为3265ms,执行空间为9628KB。

5. HDU2020——按绝对值排序问题

时间限制：2000ms；空间限制：65 536KB。

问题描述：输入 $n(n \leq 100)$ 个整数，按照绝对值从大到小排序后输出。题目保证对于每一个测试用例,所有数的绝对值都不相等。

输入格式：输入数据有多组,每组占一行,每行的第一个数字为 n，接着是 n 个整数，$n=0$ 表示输入数据结束,不做处理。

输出格式：对于每个测试用例,输出排序后的结果,两个数之间用一个空格分隔。每个测试用例占一行。

输入样例：

```
3 3 -4 2
4 0 1 2 -3
0
```

输出样例：

```
-4 3 2
-3 2 1 0
```

解：用数组 a 存放输入的整数序列,修改《教程》中10.3.2节的快速排序算法,改为按照绝对值从大到小排序,最后顺序输出 a 中的所有整数。对应的AC程序如下：

```java
import java.util.Scanner;
import java.util.*;
public class Main {
    static final int MAXN=110;
    static int[] a=new int[MAXN];
    static int Partition(int s,int t) {           //以表首元素为基准进行划分
        int i=s,j=t;
        int base=a[s];                             //以表首元素为基准
        while(i!=j) {                              //从表的两端交替向中间遍历,直到i=j为止
            while(j>i && Math.abs(a[j])<=Math.abs(base))
                j--;                               //从后向前遍历,找一个小于基准的a[j]
            if(j>i) {
                a[i]=a[j];                         //a[j]前移覆盖a[i]
                i++;
            }
            while(i<j && Math.abs(a[i])>=Math.abs(base))
                i++;                               //从前向后遍历,找一个大于基准的a[i]
            if(i<j) {
                a[j]=a[i];                         //a[i]后移覆盖a[j]
                j--;
```

```java
            }
            a[i]=base;                              //基准归位
            return i;
        }
        static void QuickSort(int s,int t) {        //对 a[s..t]的元素进行快速排序
            if(s<t) {                               //表中至少存在两个元素的情况
                int i=Partition(s,t);
                QuickSort(s,i-1);                   //对左子表递归排序
                QuickSort(i+1,t);                   //对右子表递归排序
            }
        }
        public static void main(String[] args) {
            Scanner fin=new Scanner(System.in);
            int n;
            while(fin.hasNext()) {
                n=fin.nextInt();
                if(n==0) break;
                for(int i=0;i<n;i++)
                    a[i]=fin.nextInt();
                QuickSort(0,n-1);
                boolean first=true;
                for(int i=0;i<n;i++) {              //输出结果
                    if(first) {
                        System.out.print(a[i]);
                        first=false;
                    }
                    else System.out.print(" "+a[i]);
                }
                System.out.println();
            }
        }
    }
```

上述程序的执行时间为 280ms,执行空间为 9384KB。

6. HDU1862——Excel 排序问题

时间限制：10 000ms；空间限制：32 768KB。

问题描述：Excel 可以对一组记录按任意指定列排序,请编写程序实现类似功能。

输入格式：测试输入包含若干测试用例。每个测试用例的第一行包含两个整数 $n(0<n\leqslant 100\,000)$ 和 c,其中 n 是记录的条数,c 是指定排序的列号。以下有 n 行,每行包含一条学生记录。每条学生记录由学号(6 位数字,同组测试中没有重复的学号)、姓名(不超过 8 位且不包含空格的字符串)、成绩(闭区间[0,100]的整数)组成,每个项目间用一个个空格分隔。当读到 $n=0$ 时全部输入结束,相应的结果不输出。

输出格式：对每个测试用例,首先输出一行"Case i：",其中 i 是测试用例的编号(从 1 开始)。随后在 n 行中输出按要求排序后的结果,当 $c=1$ 时按学号递增排序,当 $c=2$ 时按姓名的非递减字典序排序,当 $c=3$ 时按成绩的非递减排序。当若干学生具有相同姓名或者相同成绩时,则按他们的学号递增排序。

输入样例：

```
3 1
000007 James 85
000010 Amy 90
000001 Zoe 60
4 2
000007 James 85
000010 Amy 90
000001 Zoe 60
000002 James 98
4 3
000007 James 85
000010 Amy 90
000001 Zoe 60
000002 James 90
0 0
```

输出样例:

```
Case 1:
000001 Zoe 60
000007 James 85
000010 Amy 90
Case 2:
000010 Amy 90
000002 James 98
000007 James 85
000001 Zoe 60
Case 3:
000001 Zoe 60
000007 James 85
000002 James 90
000010 Amy 90
```

解：设计一个学生类 Stud，用 Stud 类数组 a 存放所有的学生信息，根据 c 的值直接利用 Arrays.sort() 方法排序后输出结果。有关 Arrays.sort() 方法的详细使用参见《教程》中的 6.1.3 节。对应的 AC 程序如下：

```java
import java.util.Scanner;
import java.util.*;
class Stud {                                              //学生元素类
    int no;                                               //学号
    String name;                                          //姓名
    int grade;                                            //成绩
    public Stud(int no,String name,int grade) {          //构造方法
        this.no=no;
        this.name=name;
        this.grade=grade;
    }
    public void disp() {                                  //输出一个学生元素
        int t=Integer.toString(no).length();
        for(int i=6; i>t;i--)
            System.out.print(0);
```

```java
            System.out.println(no+" "+name+" "+grade);
        }
    }
    public class Main {
        static final int MAXN=100005;
        static Stud[] a;
        public static void main(String[] args) {
            Scanner fin=new Scanner(System.in);
            int n,c,cas=1;
            while(fin.hasNext()) {
                n=fin.nextInt();
                if(n==0) break;
                Stud[] a=new Stud[n];
                c=fin.nextInt();
                for(int i=0;i<n;i++) {
                    int no=fin.nextInt();
                    String name=fin.next();
                    int grade=fin.nextInt();
                    a[i]=new Stud(no,name,grade);
                }
                if(c==1)
                    Arrays.sort(a,0,n,new Comparator<Stud>() {
                        public int compare(Stud o1,Stud o2) {     //按学号递增排序
                            return o1.no-o2.no;
                        }
                    });
                else if(c==2)
                    Arrays.sort(a,0,n,new Comparator<Stud>() {
                        public int compare(Stud o1,Stud o2) {
                            if(o1.name.compareTo(o2.name)==0)     //姓名相同
                                return o1.no-o2.no;               //按学号递增排序
                            else                                   //否则按姓名非递减排序
                                return o1.name.compareTo(o2.name);
                        }
                    });
                else {                                             //c==3 的情况
                    Arrays.sort(a,0,n,new Comparator<Stud>() {
                        public int compare(Stud o1,Stud o2) {     //按成绩的非递减排序
                            if(o1.grade==o2.grade)                 //成绩相同
                                return o1.no-o2.no;               //按学号递增排序
                            else                                   //否则按成绩的非递减排序
                                return o1.grade-o2.grade;
                        }
                    });
                }
                System.out.println("Case "+cas+":");               //输出结果
                for(int i=0;i<n;i++)
                    a[i].disp();
```

```
                    cas++;
                }
            }
        }
```

上述程序的执行时间为 1862ms，执行空间为 4430KB。需要注意的是，本题中给定的时间非常多，但空间比较少。一般 String 比 int 占用较多的空间，如果学号也采用 String 型存放，执行空间为 32 808KB，超过空间限制，这里学号固定为 6 位数字，改为采用 int 类型存放，例如 000007 用 7 存放，在输出结果时需要补齐前面的 0。

附录 A 实验报告格式及其示例

A.1 实验报告格式

实验报告是把实验的目的、方法、过程和结果等记录下来,经过整理写成书面汇报。实验报告主要内容包括实验目的和意义、实验解决的问题、实验设计和结论。

通常一门课程的实验含多个实验题,以涵盖课程的主要知识点。结合数据结构课程的特点,建议至少 5 个实验,分别对应线性表、树/二叉树、图、查找和排序的知识点,在树/二叉树或者图实验中包含栈或者队列的应用,也可以做两、三个综合性较强的实验。每个实验对应一份实验报告,实验报告的基本格式如下:

```
学号: ***    姓名: ***    班号: ***    指导教师: ***
实验目的: ***
实验题目: ***
实验要求: ***
实验设计: 含数据结构设计,实验程序结构和算法设计。
实验结果: ***
实验体会: ***
实验程序代码: ***
教师评分: ***
教师评语: ***
```

或者整个实验写成一份实验报告,基本格式如下:

```
学号: ***    姓名: ***    班号: ***    指导教师: ***
实验目的: ***
实验题目: ***
实验要求: ***
实验设计: 含数据结构设计,实验程序结构和算法设计。
实验结果: ***
实验体会: ***
实验程序代码: ***
教师评分: ***
教师评语: ***
```

本附录用两个示例说明实验报告中单个实验书写的一般格式。

A.2 实验报告示例——表达式树综合题

【**实验目的**】 深入掌握利用栈实现中缀表达式到后缀表达式的转换过程以及二叉树的相关递归算法设计,培养利用数据结构求解复杂工程问题的能力。

【**实验题目**】 从标准输入中读入一个整数算术运算表达式,如(3+4)*(8-2)-9/3,构建对应的表达式二叉树,输出其括号表示串、先序、中序和后序遍历序列,并根据表达式二叉树计算表达式的值。要求如下:

(1) 算术表达式中运算符只有+、-、*、/,表达式中可能会出现空格。

(2) 算术表达式中所有运算符只有正整数,可能是一位或者多位正整数。

(3) 算术表达式中可能出现圆括号,括号可能嵌套。

(4) 当出现除号/时,以整数相除进行运算,结果仍为整数,例如 5/3 的结果应为 1。

(5) 假设所有输入的算术表达式是正确的格式。

(6) 采用表达式二叉树来计算算术表达式的值,例如,算术表达式"(3+4)*(8-2)-9/3"对应的表达式二叉树如图 A.1 所示。

【**实验要求**】 表达式二叉树中已经考虑了运算符的优先级,先做优先级较高的子表达式,后做优先级较低的子表达式。

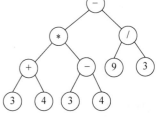

图 A.1 一棵表达式二叉树

【**实验设计**】

1) 数据结构设计

实验的数据结构如下。

(1) 采用 String 型存放算术表达式和后缀表达式 postexp。

(2) 表达式二叉树采用二叉链存储,其中的结点分为两种类型,一是运算符结点,二是运算数结点。为了简单,将运算符和运算数均采用 String 类型表示,表达式二叉树的结点类型设计如下:

```
class BTNode {                    //二叉链中结点类
    String data;                  //数据元素
    BTNode lchild;                //指向左孩子结点
    BTNode rchild;                //指向右孩子结点
    public BTNode() {             //默认构造方法
        lchild=rchild=null;
    }
    public BTNode(String d) {     //重载构造方法
        data=d;
        lchild=rchild=null;
    }
}
```

2) 实验程序结构

本实验程序的结构如图 A.2 所示。

3）算法设计

实验程序中主要包含如下 3 个算法。

(1) 中缀表达式 exp 转换为后缀表达式 postexp。

这里 postexp 为 String 型,每个有效成分以一个空格结尾。如 exp="(3+4)＊(8-2)-9/3",对应的 postexp="3 4 ＋ 8 2 － ＊ 9 3 / － "。相关原理参见《教程》中的 3.1.7 节。

(2) 由后缀表达式 postexp 创建表达式二叉树 b。

后缀表达式形如 postexp=a b op,其中 a 和 b 都是有序的后缀子表达式,用 pos 从后向前遍历 postexp,若 postexp 遍历完毕返回空树,否则读取 postexp 的当前成分 x,采用递归先序遍历方式创建以 b 为根结点的表达式二叉树的过程如下:

① 创建结点 b,其 data 为 x。
② 用 pos 继续向前遍历 postexp,递归创建结点 b 的右子树。
③ 用 pos 继续向前遍历 postexp,递归创建结点 b 的左子树。返回 b。

例如,postexp="3 4 ＋ 8 2 － ＊ 9 3 / － "时,首先 pos 指向字符'－',创建根结点 b(b.data="－"),pospos 继续向前遍历,由子表达式"＊ 9 3 /"创建结点 b 的右子树,再由子表达式"3 4 ＋ 8 2 － ＊"创建结点 b 的左子树,最后返回 b。

(3) 求表达式二叉树 t 的值。

求以 t 为根结点的表达式二叉树的值,若 t 为叶子结点,则一定是运算数结点,将数字串转换为整数后直接返回,否则采用递归后序遍历方式求值的过程如下:

① 递归求出结点 t 的左子树的表达式值 a。
② 递归求出结点 t 的右子树的表达式值 b。
③ op 为结点 t 的运算符,根据 op 执行 c=a op b,返回 c。

实验结果:例如输入算术表达式"(3+4)＊(8-2)-9/3",其执行结果如图 A.3 所示。

图 A.2　实验的程序结构　　　　　图 A.3　实验程序的执行结果

【**实验体会**】　本实验采用 3 个步骤,即将算术表达式转换为后缀表达式(由 GetPost 类实现),由后缀表达式创建表达式二叉树的过程(由 GetBTree 类实现),再执行表达式二叉树的求值等运算(由 BTree 类实现)。实际上由于后缀表达式与表达式二叉树的后序遍历序列相同,可以采用求算术表达式值时将两个步骤合并起来的方式,不必产生最终的后缀表达式,而是在生成后缀表达式中直接求值,并将求值改为创建表达式二叉树,这样只需要两个步骤,即由算术表达式创建表达式二叉树,再执行表达式二叉树的求值等运算。

【实验程序代码】 实验程序 Exp.java 的代码如下:

```java
import java.util.*;
import java.lang.*;
class BTNode {                                          //二叉链中结点类
    String data;                                        //数据元素
    BTNode lchild;                                      //指向左孩子结点
    BTNode rchild;                                      //指向右孩子结点
    public BTNode() {                                   //默认构造方法
        lchild=rchild=null;
    }
    public BTNode(String d) {                           //重载构造方法
        data=d;
        lchild=rchild=null;
    }
}
class BTree {                                           //二叉树类
    BTNode b;                                           //根结点
    String bstr;                                        //二叉树的括号表示串

    public String toString() {                          //返回二叉链的括号表示串
        bstr="";
        toString1(b);
        return bstr;
    }
    private void toString1(BTNode t) {                  //被 DispBTNode 方法调用
        if (t!=null) {
            bstr+=t.data;                               //输出根结点值
            if (t.lchild!=null || t.rchild!=null) {
                bstr+="(";                              //有孩子结点时输出"("
                toString1(t.lchild);                    //递归输出左子树
                if (t.rchild!=null)
                    bstr+=",";                          //有右孩子结点时输出","
                toString1(t.rchild);                    //递归输出右子树
                bstr+=")";                              //输出")"
            }
        }
    }
    public void SetRoot(BTNode r) {                     //设置二叉树的根结点
        b=r;
    }
    public void PreOrder(){                             //先序遍历的递归算法
        PreOrder1(b);
    }
    private void PreOrder1(BTNode t){                   //被 PreOrder 方法调用
        if (t!=null) {
            System.out.print(t.data+" ");               //访问根结点
            PreOrder1(t.lchild);                        //先序遍历左子树
```

```java
        PreOrder1(t.rchild);                    //先序遍历右子树
    }
}

public void InOrder() {                         //中序遍历的递归算法
    InOrder1(b);
}
private void InOrder1(BTNode t) {               //被 InOrder 方法调用
    if (t!=null) {
        InOrder1(t.lchild);                     //中序遍历左子树
        System.out.print(t.data+" ");           //访问根结点
        InOrder1(t.rchild);                     //中序遍历右子树
    }
}

public void PostOrder() {                       //后序遍历的递归算法
    PostOrder1(b);
}
private void PostOrder1(BTNode t) {             //被 PostOrder1 方法调用
    if (t!=null) {
        PostOrder1(t.lchild);                   //后序遍历左子树
        PostOrder1(t.rchild);                   //后序遍历右子树
        System.out.print(t.data+" ");           //访问根结点
    }
}

public int GetValue() {                         //二叉树表达式求值
    return GetValue1(b);
}
private int GetValue1(BTNode t) {               //被 GetValue 调用
    if (t.lchild==null && t.rchild==null)
        return Integer.parseInt(t.data);
    else {
        int a=GetValue1(t.lchild);
        int b=GetValue1(t.rchild);
        int c=0;
        char op=t.data.charAt(0);
        switch(op) {
            case '+':c=a+b;break;
            case '-':c=a-b;break;
            case '*':c=a*b;break;
            case '/':c=a/b;break;
        }
        return c;
    }
}
}

class GetBTree {                                //创建二叉树表达式类
    String postexp;                             //后缀表达式
    int pos;                                    //用于逆向遍历 postexp
    public GetBTree(String post) {              //重载构造方法
        postexp=post;
```

```java
            pos=postexp.length()-2;                      //跳过postexp末尾的空格
    }
    String nextToken() {                                 //从postexp中读取一个有效成分
        if(pos<0) return "E";                            //读完时返回特殊字符串"E"
        String ret="";
        while(pos>=0 && postexp.charAt(pos)!=' ') {
            ret=postexp.charAt(pos)+ret;
            pos--;
        }
        pos--;                                           //跳过空格
        return ret;                                      //没有读完时返回当前成分
    }
    boolean isOp(String s) {                             //判断ch是否是运算符
        char ch=s.charAt(0);
        if(ch=='+' || ch=='-' || ch=='*' || ch=='/')
            return true;
        else
            return false;
    }
    BTNode CreateBTree() {                               //由postexp创建表达式二叉树
        String x=nextToken();
        if(x=="E") return null;                          //postexp遍历结束
        BTNode b=new BTNode(x);
        if(isOp(x)){
            b.rchild=CreateBTree();
            b.lchild=CreateBTree();
        }
        return b;
    }
    BTree getBTree() {                                   //返回转换的二叉树对象
        BTree bt=new BTree();
        BTNode r=CreateBTree();
        bt.SetRoot(r);
        return bt;
    }
}

class GetPost {                                          //求后缀表达式类
    String exp;                                          //存放中缀表达式
    public GetPost(String s) {                           //重载构造方法
        exp=s;
    }
    public String Trans() {                              //将exp转换成postexp
        String postexp="";                               //存放后缀表达式
        Stack<Character> opor=new Stack<Character>();    //运算符栈
        int i=0;                                         //用i遍历exp
        char ch,e;
        while (i<exp.length()) {                         //扫描exp表达式
            ch=exp.charAt(i);
            if(ch==' ') {                                //跳过空格
                i++;
```

```java
                    continue;
                }
                if (ch=='(') opor.push(ch);                    //遇到左括号
                else if (ch==')') {                            //遇到右括号
                    while (!opor.empty() && opor.peek()!='(') {
                        e=opor.pop();
                        postexp+=e;
                        postexp+=" ";                          //有效成分以一个空格结尾
                    }
                    opor.pop();
                }
                else if (ch=='+' || ch=='-') {                 //遇到加或减号
                    while (!opor.empty() && opor.peek()!='(') {
                        e=opor.pop();
                        postexp+=e;
                        postexp+=" ";
                    }
                    opor.push(ch);
                }
                else if (ch=='*' || ch=='/') {                 //遇到'*'或'/'号
                    while (!opor.empty() && opor.peek()!='(' && (opor.peek()=='*'
                           || opor.peek()=='/')) {
                        e=opor.pop();
                        postexp+=e;
                        postexp+=" ";
                    }
                    opor.push(ch);
                }
                else {                                         //遇到数字字符
                    while (ch>='0' && ch<='9') {               //读连续的数字
                        postexp+=ch;
                        i++;
                        if (i<exp.length()) ch=exp.charAt(i);
                        else break;
                    }
                    postexp+=" ";
                    i--;                                       //回退一个字符
                }
                i++;
            }
            while (!opor.empty()) {
                e=opor.pop();
                postexp+=e;
                postexp+=" ";
            }
            return postexp;                                    //返回postexp
        }
}
public class Exp {
    public static void main(String[] args) {
        Scanner fin=new Scanner(System.in);
        System.out.println();
        System.out.print(" 输入简单表达式:");
```

```java
            String str=fin.nextLine();
            System.out.println("    '"+str+"'表达式的计算结果");
            GetPost postobj=new GetPost(str);
            String postexp=postobj.Trans();
            System.out.println("   后缀表达式："+postexp);
            GetBTree getbobj=new GetBTree(postexp);
            BTree bt=getbobj.getBTree();
            System.out.print("   括号表示串："+bt);
            System.out.println();
            System.out.print("   先序遍历串：");
            bt.PreOrder();
            System.out.println();
            System.out.print("   中序遍历串：");
            bt.InOrder();
            System.out.println();
            System.out.print("   后序遍历串：");
            bt.PostOrder();
            System.out.println();
            System.out.printf("   表达式的值：%d\n",bt.GetValue());
    }
}
```

图书资源支持

感谢您一直以来对清华版图书的支持和爱护。为了配合本书的使用,本书提供配套的资源,有需求的读者请扫描下方的"书圈"微信公众号二维码,在图书专区下载,也可以拨打电话或发送电子邮件咨询。

如果您在使用本书的过程中遇到了什么问题,或者有相关图书出版计划,也请您发邮件告诉我们,以便我们更好地为您服务。

我们的联系方式:

清华大学出版社计算机与信息分社网站: https://www.shuimushuhui.com/

地　　址: 北京市海淀区双清路学研大厦 A 座 714

邮　　编: 100084

电　　话: 010-83470236　 010-83470237

客服邮箱: 2301891038@qq.com

QQ: 2301891038(请写明您的单位和姓名)

资源下载: 关注公众号"书圈"下载配套资源。

书圈

清华计算机学堂

观看课程直播